U0047163

LOCUS

LOCUS

LOCUS

LOCUS

**touch**

對於變化，我們需要的不是觀察。而是接觸。

a *touch* book
Locus Publishing Company
11F, 25, Sec. 4 Nan-King East Road, Taipei, Taiwan
ISBN 986-7059-15-8 Chinese Language Edition

*It's Not What You Say . . . It's What You Do*

Copyright © 2004 by Laurence Haughton
Chinese Translation Copyright © 2006 Locus Publishing Company
This translation published by arrangement with Currency Books/Doubleday,
a division of Random House, Inc.
ALL RIGHTS RESERVED

June 2006, First Edition
Printed in Taiwan

**DO的學問**

作者：勞倫斯・賀頓（Laurence Haughton）
譯者：席玉蘋
責任編輯：張碧芬　美術編輯：何萍萍
法律顧問：全理法律事務所董安丹律師
出版者：大塊文化出版股份有限公司　www.locuspublishing.com
台北市 105 南京東路四段 25 號 11 樓　**讀者服務專線：**0800-006689
TEL：(02) 8712-3898　FAX：(02) 8712-3897
郵撥帳號：18955675　戶名：大塊文化出版股份有限公司
版權所有　翻印必究
總經銷：大和書報圖書股份有限公司　地址：台北縣五股工業區五工五路 2 號
TEL：(02) 8990-2588（代表號）　FAX：(02) 2290-1658
排版：天翼電腦排版有限公司　製版：源耕印刷事業有限公司
初版一刷：2006 年 6 月

定價：新台幣 280 元

touch

# DO的學問

## It's Not What You Say...It's What You Do

How Following Through at Every Level Can Make or Break Your Company

不要光看使命、策略或構想，要看你做了什麼

執行與變革的實戰推手

Laurence Haughton

席玉蘋◎譯

# 目錄

## 基礎磐石 III 收服人心



## 基礎磐石 IV 個人自動自發

# 引言　企業之成敗，繫於組織各層級的行動力

一群研究學者將一百六十家大企業放到顯微鏡下仔細檢視。他們的目的是爲兩個炙手可熱的問題找出答案：

**為什麼某些企業「一直以來」表現總是勝過它們的競爭對手？**

**管理大師和企業專家提出不計其數的建言，哪些策略和戰術才是真正的「成敗關鍵」？**

這群自稱「長青計畫」的研究學者，首先將這一百六十家企業以產業別分成四十組，每一組的規模大小、產品範疇、財務狀況和未來遠景都相類似。接下來，學者針對各家企業的十年績效紀錄逐一追蹤分析，將這些公司行號概分爲四類：

- **贏家**：表現始終優於競爭對手的企業
- **輸家**：一再落於人後的廠家
- **力爭上游者**：起步時跌跌撞撞，不過後來找到竅門而突飛猛進
- **一蹶不振者**：一開始挾著明顯的優勢竄起，後來卻江河日下

這群專家繼而利用兩百多種火力強大的戰術，針對各家企業的策略計畫做了交叉檢視。所有的管理高論在這份戰術清單上都找得到——從「客戶關係管理」到「六標準差經營品質系統」（譯註：二十世紀八〇年代末期由美國摩托羅拉公司率先推行，後經美國奇異公司發揚光大），從「三百六十度回饋」到「企業資源計畫」，無所不包。

該研究小組不但探究各企業的十年績效紀錄，對這些企業所選擇的熱門管理策略也仔細檢視，藉以找出何者爲因，何者爲果。換句話說，長青計畫指明了哪些策略對企業的競爭優勢有長足的影響，哪些則是微不足道。

結論出爐，跌破了所有人的眼鏡。「不管你的公司是分權還是集權體制，也不管你用的是企業資源規畫（ERP）軟體還是客戶管理系統（CRM），影響都是微乎其微，」計畫主持人於最後的分析中寫道。「但是有一點卻是舉足輕重：無論你選擇什麼策略，你的執行行動是不是盡善盡美、無懈可擊？」

傳統智慧沒有說對。任何產業當中，你之所以成爲贏家、輸家、力爭上游者還是一蹶不振者，爲組織找到十全十美的策略其實並非關鍵。一家企業的表現是成是敗，端賴它是否能掌握住管理者最基本的使命：讓所有階層的人對政策「切實執行」。

大部分的高階主管以爲這很容易做到，其實不然。

大多數的經理人才踏入社會，就會從充滿挫折的社會大學裡學到幾個教訓——他們不久就發現，企業的日常營運往往存在著駭人的漏洞。

一家企業所做的決策，無論是針對解決問題還是為了掌握商機，約有半數在不到兩年內就分崩離析。這並非是經濟衰退、始料未及的成本高漲或其他無可控制的外在因素使然，純粹是因為無法貫徹執行所致。（註：參見「評估更精準」一章中俄亥俄州費雪商學院的研究。）

而這高達百分之五十的失敗率指的還是「一般」企業。一家電子通訊公司的高級主管在聽到這個令人愕然的統計數字後說：「我進入高科技產業已有二十五年，就我的經驗，這個數字是過低了。」

本書述說的是一群與眾不同的管理者的故事，他們都解開了行動的密碼。這群管理者效力的組織林林總總——有公營有民營，有大公司有小企業，有老字號有新商家，有剛起步的創業公司，甚至有官僚氣味濃重的政府機關。這些領導者發現了一些可以按部就班跟進的對策，在艱苦的競爭環境中將組織圖表上的部屬（或許是某個團隊、某個部門、某個單位、某個轄區甚或是整個公司）帶領到徹底而可靠的執行新境。他們學會克服障礙，安然度過了曾經讓多少管理者立意良善的措施栽過跟斗的坑洞，如今更言無不盡地分享他們的卓知洞見，好讓任何人都能跟隨他們腳步前進。

這些領導者的故事和心得所建構組成的四個「基礎磐石」，就是「貫徹執行」四種不可或缺的成分：

I　要有「明確的方向」，以絕不含糊的清楚辭彙，讓所有員工了解自己的走向。
II　每個目標都要有「適當的人才」配稱。
III　「收服員工的心」，你就能起步如飛。
IV　提升「個人的自動自發」，讓所有員工常保動力。

## 基礎磐石 I　明確的方向

沒有一個企業主管會故意用含糊不清、互相矛盾、充滿假設的期望著手推動計畫或業務。所有的領導者都想將自己的期望以絕對明確的詞彙傳遞出去。然而，很多經理人因為時間太少而要做的事太多，上司、顧客和其他部門對他們也都有些沒有說出口（但假設你該知道）的指令，在諸多壓力之下，他們於是認定：只要對方有點頭，就表示知悉了明確方向，那麼這樣就夠了。更有甚者，等到他們發現下屬進展有如牛步甚至老在原地踏步，不但不循著過程軌跡重新檢討，反而做出一個錯誤的假設：「這個策略不適合我們公司。」

如何將模稜兩可、籠統含糊或互相衝突的期望化做清楚、明確、調和無間的目標呢？這一塊基礎磐石會為你提供一些必要的工具。它會告訴你如何將點連成線，即使別人沒有明說他們的需要，你也能夠揣摩出他們的心意。你還會學到一套包含三個步驟的系統方法，可以幫助你和同僚持續做出最佳決策。

## 基礎磐石 II 適當的人才

負責振衰起蔽的專家都會同意。你問他們：「如果你接管一家企業，你會從何處著手以扭轉大局？」他們會回答你：「從人才開始。」「你或許擁有最棒的產品、最佳的服務，財務數字也非常漂亮，」一位專家這麼說。「可是若是組織各層級沒有找對人才，要談貫徹執行是癡人說夢。」

這個基礎磐石會告訴你，如何爲你的期望找到配稱的人才。你會學到一些新觀念，讓你在變遷快速的環境中做到更佳的執行。要我舉例？比如說，聘僱人才的時候，態度的考量要置於經驗之先。再舉個例：優秀團隊會讓所有的成員「視線一致」。

這個部分甚至包括一個顚覆傳統智慧的章節，探討什麼人應該負責執行事宜，以及你在挑選企畫案主持人之際，如何確定自己選對了人。

## 基礎磐石 III 收服人心

傳統智慧說，當你改變政策方針，只要將事情緣由溝通清楚、擬定的計畫具體詳實，大部分的員工自然會心悅誠服。可是，傳統智慧所言並不符合現實。不管領導者將變革的理念溝通得多好、計畫有多周密，也不管他多麼努力推動，員工的典型回應往往是：「我才不信」。

無論你是執行重大的變革策略，還是落實日常的規章程序以改進產品流程、工廠和設備、定價、人力資源、管理政策、顧客服務，都涉及取信於人——你必須讓員工信服有加，才能戰勝惰性法則。

每個組織都有抗拒變革的人存在。我會藉由本書這一部分告訴你如何智取這些對手，同時擬定計畫，讓所有的人放下陳腐的觀念和落伍的舊規。除此之外，你還會學到如何讓你的團隊化冷爲「熱」，讓旗下的主管當個稱職的「熱」團隊的領隊。

## 基礎磐石 IV 個人自動自發

「所謂品格，是激情早已消逝後依然保有衝勁的能力。」我曾經用這句話激勵自己，鼓舞別人。我原本的用意是將「動力的喪失」和「品格的淪喪」連結起來，好讓大家知道，無法貫徹執行是個人的缺陷。不過現在我體認到，這種解讀忽略了一個更珍貴的啓示。

領導者必須在權責內盡一切努力，讓下屬產生貫徹執行的「激情」。這意味著管理戰術的運籌帷幄，以保證人人都能自動自發、積極主動。

本書這一部分要呈現給你三個簡單的策略。這些聚焦於團隊成員的品格、期使人人潛能盡釋的策略是：

**一、要員工脫困而出，並且自動自發以達成期望，你得替他們找個「理由」。**

**二、要讓員工自動自發，你得體悟到「尊重」扮演的角色舉足輕重。**

**三、光是找出什麼人應該負責並不是萬靈丹；責任的適度和過度之間有條細線，你必須知道這條線畫在哪裡。**

過去十年來，爲了在無情的競爭環境中獲得襄助，企業界試過各式各樣的特效藥方和千奇百怪的財務操作，可是沒有一樣具有持久的效果，其中不少還讓我們的企業（以及不只一位的企業領導人）身陷泥沼。現在，該是捨棄旁門左道、回歸基本面的時候了。你的企業是成是敗，完全繫於你的行動力——繫於你有沒有能力讓上下層級的成員落實執行。而這本書，會清楚告訴你怎麼做。

勞倫斯・賀頓　二〇〇四年秋
lrh@laurencehaughton.com

# 基礎磐石 I

## 明確的方向

在你的企業裡，所有的員工都「明瞭」組織的走向嗎？

任何目標，都有必要的達成步驟。這些步驟都「顯而易見」嗎？

貴公司的使命和員工的所作所爲之間是否「視線一致」？

最後一個問題：你的團隊「支持」組織的走向嗎？

惠悅企管顧問公司（Watson Wyatt）曾經針對員工態度做了個調查，寫成年度研究報告〈WorkUSA 2002〉。在受訪的一萬兩千多名企業總裁、中階經理人和基層員工當中，約有四成八在被問及上面這些問題時，無法誠實地說出「是」的答案。

如果惠悅這份研究報告正確反映了美國的職場，這就等於全美幾近半數的員工認爲：他們雖然工作，但並沒有一個明確的方向。難怪要達成組織的期望那麼難。

這是最簡單的商業邏輯：如果員工不了解自己的走向，要他們走到該去的地方，那不折不扣是賭運氣。

企業無法營造清楚的方向感，不是因爲它們不曾努力過。「爲了傳達我們〔關於策略和方向〕的理念，我們工作更賣力，工時也更長，」一家大型金融服務機構的副總裁說。「不過，老實說，大概有一半的政策依然沒有傳遞到。或者我該說，至少許多遠離指揮中心的員工同仁感覺是這樣。」

爲什麼會這樣？提供清楚方向在現今社會確實很難，因爲：

●**人心捉摸不定**。

顧客、同僚、投資人、甚至許多高階企業主管對你的期望往往含糊不清、互相牴觸、前後不一致，可是偏偏就是這些人堅持要你貫徹執行並且達到他們所有的期望。

●**時間總是不夠**。

比起一九九七年來，當今有超過四分之三的經理人每天必須做出更多的決策，而這些主管之中有多餘時間「思考」的僅有十五%。

●**機制充滿瑕疵**。

日常所有的規章指令，無論是關於新產品、人事布署、政策變動甚或漲價事宜，總有三分之二會因爲運用了錯誤的決策機制而增加了失敗的可能。

而在接下來的這三章，你會學到如何排除這些屏障，一路爲工作同仁們指引出一個明確的方向。

首先，我會在「期望要清楚」這章開出一張處方箋，即使你是卡在總公司、員工和顧客中間進退維谷的經理人，也能將模糊、籠統、互相衝突的期望化爲清晰、明確、協調一致的目標。

其次，藉由「字裡行間找線索」這一章，我會告訴你如何迅速將點連成線：不必別人刻意解釋或明說，你就能將他們說出口的言語和他們眞正的期望連結起來。

最後，在「評估更精準」這章，我們會推出一套機制，讓你即使在緊迫的時限下也能思慮周密，同時佐以若干易於成功的招數，爲你的指令做精心的調整。

# 1

# 期望要清楚

## 目標要像瀑布，流瀉到整個組織

管理者的期望一定要像燈塔，
要有著明亮堅定的燈光引導團隊跟隨，
要能打出訊號，
告訴大家往哪個方向行進。
如果這些期望含糊不清、令人迷惑或是前後不一致，
下一層級的經理人和同仁就可能
在關鍵的十字路口轉錯了彎，
甚或因為大惑不解而乾脆停下腳步，
中止了執行動作。

有一天，一家跨國企業的高階主管們將年度營運計畫和預算呈給大老闆過目。該公司的執行長針對這些計畫寫了些評語，並且將他對來年的期望羅列出來，摘錄如下：

● 關於生產力，我們需要一個深具企圖心的計畫，以期超越目標。
● 我們的品質問題頗為惱人。要繼續努力，改善品質。
● 過期出貨有降低的趨勢，做得好。不過，本公司的過期訂單依然居高不下，所以機會仍然可觀。
● 降低成本是各位發揮長才的大好良機。只要達到某個成本點，各位就能從坐立難安進入怡然自在的境地。
● 經濟前景詭譎不定，因此〔來年〕各位要訂立一個能因應不同情境的計畫。

如此這般，這份備忘錄洋洋灑灑列出了十七點，個個彈無虛發。其中有幾項是針對產品：「我們必須對Z產品線多使點勁，以期達到更好的成果」；也有針對人事：「去找A主管商量，敲定你們的計畫」；其他則是和公司開展的諸項計畫有關：「把重心放在六標準差品質管理上」。這位掌門人最後以感謝作結：「總體而言，各位上週提出來的年度營運計畫非常之棒。」他還建議這些主管在十天內找他開個會，「針對所有這些目標，逐一討論細節以期順利達成。」

這份備忘錄的作者是聯訊（Allied-Signal）的前執行長拉瑞・包熙迪（Larry Bossidy），諸多優秀執行長中的佼佼者。包熙迪深諳推動事務之道，這項長才他曾於掌舵聯訊期間多次展現，也透過他的暢銷著作《執行力》遠近馳名。毫無疑問，包熙迪寫的這份備忘錄是要讓所有的主管明瞭他的期望，以確保後續的執行行動無懈可擊。

**「只是，他這份備忘錄真的道出了『他真正的期望』嗎？」**

嘉信理財（Charles Schwab & Company）的琳達・洛克伍德（Linda Lockwood）看過這份摘要後，提出了這個關鍵問題。洛克伍德是嘉信的副總之一，身兼人事主任。她投身金融服務業十四年，也享有善於推動事務的盛譽——她認爲所有的計畫在開展之前，管理者都該將期望表達得如水晶般清楚，而過去這幾年來，她對這個技巧的培養和紀律著力尤深。

「並沒有，」洛克伍德說。「我敢說，大部分的主管會對這份備忘錄看上兩眼，隨即拋諸腦後，就當它是那種老套的商場官樣文章。」

說得更確切些：

● 我們的品質問題頗為惱人。要繼續努力，改善品質。

洛克伍德問：「門檻在哪裡呢？」她質疑的是：任何經理人都很難看出自己究竟達成了包熙迪的目標沒有。「還有，品質問題和前面一個指示：『關於生產力，我們需要一個深具企圖心的計畫，以期超越目標』之間有什麼干係？而生產力和那些『惱人』的品質問題可有任何關聯？」她繼續說。「我很懷疑，這些目標在整合的時候可曾經過深思熟慮？」

● 過期出貨有降低的趨勢，做得好。不過，本公司的過期訂單依然居高不下，所以機會仍然可觀。

「這是個極度混淆的訊息，」洛克伍德說。「你的員工讀到這裡，會開心那麼一下子，可是接著心情立刻轉壞，繼而一頭霧水。他絕對搞不清楚老闆的期望到底是什麼。」

●只要達到某個成本點，各位就能從坐立難安進入怡然自在的境地。

「這句話太好笑了！對我來說，帶著部屬駕帆船去逐風破浪，那才叫怡然自在，」洛克伍德邊說邊笑。「說眞的，坐立難安的感覺是很主觀的。看到這句話的人不會知道該如何測量結果。」

大目標、小目標、中期目標、關鍵領域，無論你怎麼稱呼都無所謂，但管理者的期望一定要像燈塔，要有著明亮堅定的燈光引導團隊跟隨，要能打出訊號，告訴大家往哪個方向行進。如果這些期望含糊不清、令人迷惑或是前後不一致（套用洛克伍德的形容詞，就是「商場的官樣文章」），下一層級的經理人和同仁就可能在關鍵的十字路口轉錯了彎，甚或因爲大惑不解而乾脆停下腳步，中止了執行動作。

你必須以清楚的期望踏出第一步，而你會在這一章中學到必要的技巧。除此之外，我還會告訴你如何將老闆模糊、籠統、互相矛盾的指令，化爲清晰有重點的目標。

## 處方箋

多年來，洛克伍德在她的公司裡見多了模糊、籠統、互相矛盾的指令。出於這個動機，她和嘉信的一些同仁致力探研，希望找出一個處方，保證能讓期望清清楚楚，以作爲執行的依循。

洛克伍德說：「首先，每個目標都需要一個直接了當、可以測量的成功定義，外加一份時間表和一個負責落實執行的人或單位。」光是給予模稜兩可或舉世皆準的政策宣示是不夠的，例如：「我們必須改進顧客滿意度。」滿意度一定要分解成小小的片段，這些片段足以加總成一個滿意的顧客，而且每個片段都要能夠測量。

其次，「經理人必須仔細檢視層峰的期望，將各目標之間的矛盾汰除殆盡。比如說，如果某個團隊針對生產力研擬了一個深具企圖心的計畫，」洛克伍德問。「那他們對於不同的情境是不是也能靈活應對呢？」

要探知這兩個目標是否衝突，最好的方法是主管和團隊成員共同腦力激盪，想出所有改善生產力的方法和靈活應對的條件。接著主管再偕同一些同僚，想像這兩個目標哪些地方可能會有牴觸。

舉例來說，雇用沒有經驗的工人（因此薪資最低）以降低生產成本，或許是增進生產力的對策之一。可是，靈活應對需要技術較好（因此薪資較高）的工人，例如要有隨機應變能力、能預想到不同的狀況。因此，最高生產力和最大應變能力很可能會有扞格。

「如果兩種期望相互矛盾，」洛克伍德已經很有心得。「那麼就要釐清順序，排定先後緩急。」

最後，洛克伍德做了結論：「所有的期望都必須以目標爲基準設定若干檢核點，以確定事情切實做到。如果沒做到，大家還有機會在截止期限前做調整。」

凡事在著手前要有清楚的期望，洛克伍德的建議其實是常識，並不是什麼新聞。多年來目標設定的專家也曾建議管理者利用ＳＭＡＲＴ這個首字母縮略字做成檢核表，以期將大小目標表達得更清楚。ＳＭＡＲＴ代表的是明確（Specific）、能夠測量（Measurable）、責任歸屬（Accountable）、實事求是（Realistic）、符合時限（Time-bound）。企業經理人利用ＳＭＡＲＴ來檢核所有期望，下達的指令就不會是「商場的官樣文章」。

不過，洛克伍德也相信，除了讓各種期望符合ＳＭＡＲＴ，讓所有團隊成員「接收到」訊息也是同等重要。

「每個經理人都必須有個嚴密完整、滴水不漏的溝通計畫，」洛克伍德說。她在嘉信的團隊是利用以下四個準則，將期望清楚傳導出去：

- **將大構想分成適中的小塊**。「目標一定要像瀑布，流瀉到整個組織，」洛克伍德說。目標的傳導不能一視同仁，要因人而異，換言之，要傳遞清楚的期望，管理者必須針對團隊每個成員的心態，將複雜的目標分解成適當而易於入口的小塊。

「並不是每個員工都是金牌選手，」她又說。「要落實政策的執行，企業也需要銀牌、銅牌級的人才，甚至需要鎳牌的績效者。因此，領導者一定要將自己的期望闡釋清楚，而且表達方式要讓所有層級的同仁都能明瞭。」

●**尋求意見回饋**。「不同層級的員工有不同的思惟、知識和觀點，主管很容易就失去焦距，」洛克伍德說。「因此，經理人需要一個有效的機制，才能與員工保持緊密的聯結。」以嘉信這樣的大公司來說，爲了將期望傳達清楚，它的管理層峰仰賴一個由多位擅長企業溝通、公共關係和人力資源的專家整合而成的團隊。而爲了取得第一線所有員工的意見回饋，這些溝通專家又仰賴一個仔細建構的員工普查機制，時時取得最新的員工意見。

至於規模較小和那些缺少內部普查機制的企業，管理高層就得找個對於溝通現狀能夠據實以告的人。這人可能很容易找，例如問問你家裡十幾歲的子女或是朋友的小孩。有位執行長還記得一個十六歲少女對他的幫助。「她看了看我寫的東西，說：『有時候，我覺得你說某些話純粹是爲了炫耀你自己有多聰明。』」這位執行長立刻悟道，這種坦率的評語是助力，可以幫助他做更有效的溝通。他請她把整個備忘錄讀一遍，把每一句她認爲是炫耀的話做上記號。這位執行長能夠將期望表達清楚，這位少女的誠實回饋功不可沒。

●**要當個管事的主管**。要讓期望得到清楚的傳遞，你應該時時涉身事內。「很多主管每每授權太多，因此無法掌握企業的脈動，」洛克伍德說。「我也會授權，不過既然我必須掌握狀況，我會在之間取得一個平衡。

「一開始大家或許會想：『噢，這種人一定比那種無爲而治的人難搞。』事實上，就我個人的經驗，」洛克伍德解釋。「爲一個願意置身事內又要求責任感的人效力不但收穫更多，而且到頭來你會發現這種人更容易共事，因爲你會知道你的立場何在，所以有更好的條件把事情做好。」

●**重點在於你做了什麼，不在於你說了什麼**。洛克伍德說，高層主管一定要以身作則，把自己的期望傳達清楚，換句話說，他們必須透過自己的作爲，讓大家看到他們不但熟諳細節，同時對團隊的落實執行念茲在茲。「這表示你得更加賣力，不過這也是高階主管酬勞那麼高的原因，」她說。「只要目標正確、執行方向正確，什麼也比不上高級主管親自落實執行的效果更大。高階主管親身示範，影響之大不可思議——員工不但會尊敬你，更會激發出熱情，願意更加努力。」

只要你利用ＳＭＡＲＴ檢核每一個期望，並且擬出一個釐清所有目標的溝通計畫，保證你的下屬會得到清楚的期望。話說回來，在絕大多數的組織裡，期望不能清楚表達是個通病，光是把你自己那一部分治好是不夠的。實業界的工作者當中，八成八都有不只一層的主管，而拜疊床架屋的層級制度之賜，要設定並傳達清楚的期望就更複雜了，尤其對那些卡在中間的經理人而言。

## 上下爲難的中階經理人

「我的組織層峰對他們自己的期望每每語焉不詳，對大局全貌又不思溝通，那我要如何向我的團隊下達清楚的指示？」派特喪氣地問。自從一家大型跨國集團併購了派特效力的企業後，他就卡在中間進退維谷。他渴望做到客戶、同事和東家的期望，卻欠缺總公司高層清晰一致的指引。例如：

●「對於內部的需求，我們希望各位回應更加迅速。把年度預算準備好，只要達到目標，以後你要怎麼辦事都隨你。」然而，即使他的團隊做到了預算要求，他的頂頭上司還是不斷干涉他的決策，對他和團員依然事事掣肘。「他們到底是希望我們自動自發、迅速應變，還是要我們先等候上級的指示再動手做事？」派特很是納悶。

●「要你的屬下有話老實說、直接說。我們要的是開放的溝通。」可是當派特屬下一名小經理在一次公司會議中坦白說了實話後，派特說：「那些高階主管卻替那人貼上標籤，說他是負面人物。」在一次績效評估會議中，那個小經理又被貼上同樣的標籤（因爲他問，爲什麼他的升遷被駁回）。訊息是如此的混淆，員工個個無所適從。

一方面需要清楚的指示以推動計畫，可是高層的指示卻是含糊不清、令人迷惑、前後不一致，像派特這種卡在中間的經理人該怎麼做呢？我認爲，他有三條路可選：

一、**讓總部自食惡果**。有個和派特同樣處境的經理人說，如果來自總部的指令讓他摸不著頭腦，他會乾脆來個視而不見，等到哪個長官打電話來針對某件事對他大吼再說。「這是唯一的辦法；這樣我才可能知道他們眞正要什麼、需要我做什麼。不過，坦白說，那些指令有四分之三我沒再聽過任何下文。」

二、**開門見山對老闆說他的指示含糊不清**。「有一回我在挫折之餘就曾經這麼做過，」

琳達·洛克伍德坦承。「而我那個老闆可不是省油的燈。『喂，你的職責就是把它搞清楚，』他這麼告訴我。」洛克伍德因此又回到原點。

或者，你也可以：

**三、主動出擊——**去和你老闆的期望斡旋，找出清楚的指示來。

## 斡旋期望

「經過多年的嘗試錯誤，我領悟到我不能袖手不管，不能拿個武器逼我的主管把話說清楚講明白，也不能任由那份指示無疾而終，因爲事關我的屬下和他們的執行成效，」洛克伍德解釋。「所以，我學會一而再、再而三回去敲我老闆的門，直到我搞清楚他們心目中把事情做成功是什麼意思爲止。」

洛克伍德這種行爲叫做斡旋期望。這裡的斡旋不是討價還價的意思，而是「成功渡過或輕騎過關」的意涵，也就是跨過含糊不清、令人迷惑、沒有說出口的期望溝渠，到達清楚、可行、一致的目標。斡旋期望有如探險，目標是讓所有的人豁然開朗。

洛克伍德舉了個例。她說：「我會走進他的辦公室，說：『我想這個計畫應該符合您的指示。這是我採用的標準和我打算測量所有指標的方法。您覺得這樣好嗎？』你要一再重複這麼做。我一直不鬆手，直到拿到清清楚楚、足以測量的答案才罷休。這樣一來，我不必動刀動槍，就得到了必要的清楚指示。」

和上司斡旋期望，你需要兩種技巧：

一、拉他們置身事內，然後

二、仔細傾聽

## 一、拉他們置身事內

「主管不把期望表達清楚，有可能是因爲不知如何表達。而除了這個事實之外，我相信還有另外兩個原因，」洛克伍德解釋。「他們也許：(i)已經被過多的職責搞得焦頭爛額，或是(ii)不想介入太多，因爲他們的上司也沒給予清楚的指示。他們擔心別人會要他們負責。」

不管是哪一種情況，你的老闆很可能會推說他沒有時間進一步討論那些指示。果眞如此，「千萬別打退堂鼓」。你反而更要積極地把他們拉進來，一同斡旋期望。

說到讓忙碌的主管涉身事內，沒有人比傑森·傑寧斯（Jason Jennings）更有本事了。傑寧斯是位作家，也是演講名嘴。過去兩年來，他已躋身頂級講師之列，大型商業會議和研討會常常聘請他來發表演說。傑寧斯成功的動力來自於他的決心——他一心想要超越雇主的期望。爲了達到這個目的，他學會把雇主拉下海。

「每個會議籌辦人、研討會主持人和企業執行長對於演講貴賓都有不同的期望，」傑寧斯說。「可是他們從來不會明說。」他說，拜多年經驗之賜，他能推敲出他們的若干期望，可是除非他對他們的期望有全盤的了解，否則就無法掌握到他所需的優勢。

「我喜歡全場站起來熱烈爲我鼓掌，我更希望執行長和主持人可以帶頭鼓掌，」傑寧斯透露。爲了達成所願，傑寧斯事前總會要求和企業的總裁或執行長安排一場電話會議。「在會議中，我會設法要他們把期望說清楚、講明白。」傑寧斯說。

要開電話會議，傑寧斯通常只要開口要求就好。執行長和主持人泰半都會同意，因爲傑寧斯遵行的幾個金科玉律往往能讓他們欣然願意置身事內：第一，他會讓執行長明白，「這樣做對他們有什麼好處」。第二，他保證執行長不會因此「增加任何工作」。

「十次裡有八次，我只要這樣告訴他們就行了，」傑寧斯說。「另外的兩次，會議籌辦人或私人助理會推託：『噢，執行長太忙了。』這時候我就知道，一定要讓會議籌辦人和執行長都明白，花時間跟我談談是值得的。我的最佳戰術是說個故事給他們聽：

有一回，耶路通運集團（Yellow Corporation）花費了六百萬美元召開一個大型會議。他們一共找了三位演講貴賓來替會議暖場：我、魯迪・朱利安尼（Rudy Giuliani）和吉姆・柯林斯（Jim Collins）。

耶路集團那時候才剛挹注數千萬的資金進行企業改造，想從老本行的貨運經營轉換成現代化的物流事業。那次會議的目的是爲所有員工和與會的重要客户鑄造並鞏固新的心態，因爲這種心態反映了該集團新的策略定位。

籌備單位請了美國某貿易協會的董事長來介紹當天的議程。他被安排在我之前上場，預定演講十五分鐘。可是大家很快就看出來，這個從貿易團體請來的傢伙對耶路的轉型一點也不知情。他只準備了他唯一的那套拿手絕活。

只見這位董事長走向講台中央的麥克風，面對著兩千名中堅員工和重要客戶。「早安！」他聲如洪鐘。「此時此刻，和一群貨運業者齊聚一堂，是我千金也不換的樂事。」

當時我站在後台，耶路集團的執行長比爾．卓勒斯（Bill Zollars）就站在我身邊，我看到他的臉慢慢失去血色。

而那人還在做暖身：「他們稱呼我什麼都可以，包括貿易協會的執行長，可是我跟各位沒啥兩樣，同樣是個老派的叫賣小販，我熱愛有踏板的玩意兒。」

卓勒斯快抓狂了。他身子靠過來，輕聲告訴我：「傑寧斯，等下換你上場時，能不能幫我轉圜一下？這傢伙來替我們花了六百萬的盛會開場，可是他完全開錯了方向。」幸好我還有能力解圍，不過我永遠不會忘記卓勒斯臉上的表情。那個第一位開講的貴賓差點就毀了整場會議！

我見過太多場合，演講者不但沒有傳遞出籌備人的期望，言語之間反而和公司長遠的利益背道而馳。要避免這樣的事情發生，最簡單的方法就是雙方事先來個簡短的對談。我的心得是：只要讓我問四個簡單的問題，不但足以消弭任何可能的誤解，更會讓我表現得比你期望的更好。所以，什麼時間最方便？現在還是這個星期哪一天？

傑寧斯把這個故事當作最後通牒，他要讓對方知道：在大會前不和他對談是冒險，而且這個風險不但眞實而且巨大。

到最後，即使是再忙的執行長或企業主管，傑寧斯也能約到他所需的時間。

當你開門見山要求高階主管釐清他們的期望而遭到抗拒時，你也得有自己的故事可說。你的故事必須有助於「取信」你的老闆。想想看，你有沒有碰過什麼計畫因爲目標遭到誤解或是因爲大家認知不同而變得荒腔走板的？你不妨學傑寧斯那樣，道出一個完整的故事，告訴對方他們可能涉及的風險，而且要在一分半鐘之內把故事說完。你那位主管會被你說動而跳進來的。

## 二、仔細傾聽

不要忘記，大部分的高階主管下達的指令不清不楚，有好幾個原因：

- 某些主管不說清楚，可能是因爲繁忙的事務已經讓他們疲於應付。
- 有些可能是爲了避免攬責任上身，因爲他們的老闆也沒對他們說明白。

不管是哪一種情況，任何主管都不會承認，因爲這有可能造成尷尬。他們只會和自己信任的同僚敞開心胸討論事情。因此，建立信任就成了斡旋期望的一個必要條件。

建立信任的過程多半是緩慢的，需要經年累月的互動。不過有研究顯示，當你需要別人協助時，如果某人的行爲正好觸動你的心弦，你很容易就會對他付出某種形式的信任。這叫做「經過衡量的信任」。

你的主管對你是否懷有這種經過衡量的信任，用一個簡易檢核表就可以判定。你不妨自問，對方是不是：

a 和我有相同的價值觀？

b 用我的語言和我說話？

c 會仔細聽我說什麼？

如果這三個問號的答案都是肯定的，十之八九這人對你存有一份經過衡量的信任。這也是爲什麼你必須在傾聽技巧上多下工夫的原因——唯有透過有效的傾聽，才能顯現你和對方擁有相同的價值觀，而且「說的是同樣的語言」。

## 必要事項和禁忌事項

如果你打算開口請教老闆的期望，請利用以下的準則。

一、**事前準備**。沒有人的即興發揮能力那麼厲害。提問要找恰當的時機，趁對方感覺自在、願意敞開心胸的時刻。「要」做功課。在你坐下開口之前，儘可能蒐集事實，將所有來自他處的點滴情報拼湊成形。直接了當問你的問題，不管對方的答覆涉不涉及敏感或是和你相不相干。你會訝異一個人肯告訴你那麼多事情，只要你開口提問。如果對方閃爍其詞，不肯告訴你全盤眞相，「要」鍥而不捨。別忘了，釐清他們的期望對每個人都好，他們受益尤其多。

二、**「不要」問任何有挑釁意味的話**。把「過錯」和「怪罪」這類字眼從你腦海裡擦掉。「不要」爲了思索下一個問題，就停止傾聽對方。事前要做準備，如果突然想到其他問題要問，用筆記下來。「不要」反覆詰問；這不是法庭，不必做交叉訊問。你去問對方，是要讓他明白，你們是站在同一陣線。「不要」自問自答，表示你有多聰明；唯一知道底限的人是他們，所以讓他們來告訴你。「不要」害怕作筆記，必要時該作就作，你不會希望有任何遺漏。「不要」審視你自己。如果對方認爲你問的問題不干你的事，說幾句話讓自己有臺階下。

## 傾聽要下苦功

大部分的人都是不及格的傾聽者。光聽別人幾分鐘的口頭報告，就有一半是左耳進，右耳出；也許你聽到了四個結論，可是四十八小時後，有三個已經忘光光。為什麼會這樣？大部分的人誤以為好的傾聽者只要保持安靜，耐心等到對方嘴巴停住就好。可是靠傾聽技巧吃飯的人會告訴你，傾聽遠不只是「不說話」而已。傾聽是一種經過練習而得的紀律，不僅需要訓練，也需要莫大的專注和精力。

一般人說話的速度是一分鐘一百三十五個字，可是一般人理解的速度是四倍有餘。因此，當你聽人說話，腦子的運轉總是超前——在說者的話語之間，你總有其他思緒跑出來攪局。這些多出來的思緒會讓聽者分心，以致於錯過了關鍵訊號，例如某個暗示、焦急的表情、或是某個口是心非的微妙徵兆。聽的人如果分心不但容易摸不著頭緒，也會在不恰當的時機問出不恰當的問題，使得對話效果大減。

在你和上司談話之前，不妨先找某個同儕或下屬，為你的傾聽能力測試一番。和你某個同事約個時間談談，問問他們生涯的目標和期望。將這段對話錄下來，當你重放一遍，你會覺得驚訝：你竟然聽到了許多第一次沒聽出來的訊息（而且你會覺得不好意思，因為你的提問技巧也沒好到哪裡去）。

專業的傾聽者會利用下面幾個技巧從對話中獲知更多的訊息：

- 他們會刻意收集一些能讓對方願意開口說話的問題和詞句。
- 他們會配合說話者改變自己對話的速度和聲調以符合談話對象的風格。
- 他們會仔細留意對方的表情、語氣和手勢。

- 他們會做出某些動作以表示自己正在專心傾聽，好讓對方也心無旁鶩，例如：隨即提出相關的問題；對談之間常將適才討論的內容做個歸納；提出挑戰，深入探究。
- 最後，他們會強調和對方享有共同的價值觀，而且盡量使用同樣的語言。換句話說，他們會放出這樣的訊號：「我跟你是一樣的；既然你我都一樣，所以你可以信任我。」

## 清楚的期望舉足輕重

著有十五本關於組織理論的知名作家艾略特・賈克斯（Elliot Jaques）博士認爲，給予員工清楚的期望不只是個好點子，它其實更是管理者存在的理由。

賈克斯博士在《不可或缺的組織》（*Requisite Organization*）一書中對此做過詮釋。他認爲在多重層級、具競爭力的大型企業之中，經理人的角色就是釐清事情眞相。「我們對經理人下的定義是：一個要爲他人的產出負起責任，同時要將此一團隊維繫於不墜，以保障其產出能力的人。經理人一定要有能力爲直轄部屬的工作創造附加價值。」

賈克斯博士說，只要經理人能爲員工營造出「有效能的情境」，就是創造了附加價值。

這道理很容易懂。如果一位主管沒有（或者能力不足以）爲組織圖表上的部屬營造出「有效能的情境」，他就沒有在增加價值。而如果他無法增加任何價值，那麼這一層級的管理者就沒有必要存在。

那麼，經理人要爲員工營造出「有效能的情境」同時創造附加價值，最穩當的方式是什麼？是讓所有的期望有如水晶般清楚透徹。而你該如何做到這一步？簡單歸納如下：

1 **設定SMART目標**。所有的目標都必須有個簡單明瞭的成功定義。每一個目標都應該明確、可以測量、實事求是、符合時效。在你要求下屬執行指令之前，要先花時間去釐清你自己的期望。

2 **做更有效的溝通**。除非人人都知道他們應該採取什麼步驟，也明白自己的行爲與團隊任務之間的關聯，否則你的期望不能算是清楚表達。管理者必須針對組織圖表上的每個層級，將大目標分解成大小適度、員工易於接受的小目標。

3 **當你卡在中間進退維谷，要斡旋**。老闆期望你做一些事，可是他的指示模稜兩可、不清不楚，這時候你怎麼辦？你應該了解老闆不說清楚有他的苦衷，接著想辦法解決；設法拉他們置身事內，然後仔細傾聽。

# 2

# 字裡行間找線索

## 勇敢展現同理心，釐清大家的期望

建立清楚的期望，

你必須拋出很多問題、技巧地聆聽對方回答，

還要一再回去敲門，直到你明白為止。

只是這樣的過程可能非常耗時，

因此，優秀的經理人和主管常會運用一個技巧，

以期迅速理解顧客、同僚和層峰的期望。

這個技巧叫做「字裡行間找線索」。

大多數的企業裡，這樣的矛盾明顯可見：

一、明知清楚的期望舉足輕重，是建立明確指示的第一步。

二、顧客、同僚、投資人、甚至許多高階企業主管對你的期望往往含糊不清、互相牴觸、前後不一致，可是偏偏就是這些人堅持要你貫徹執行並且達到他們所有的期望。

解開這個矛盾的鑰匙，就是建立清楚的期望。要做到這一點，你必須拋出很多問題、技巧地聆聽對方回答，還要一再回去敲門，直到你明白爲止。只是這樣的過程可能非常耗時，包括提出恰當問題的時間，也包括推敲對方回答的時間。

而時間，一如眾所周知，總是苦短。

因此，優秀的經理人和主管常會運用一個技巧，以期迅速理解顧客、同僚和層峰的期望。這個技巧叫做「字裡行間找線索」。

在這一章，我會爲你撥開迷霧，告訴你這個利用直覺體會他人期望的方法，並且列出幾個你可以採行的步驟，以增進你這方面的能力。

## 字裡行間找線索

某些管理者已經培養出從字裡行間找線索的眞本事。時代華納聯盟暨科技策略中心的資深副總約翰・伯斯威克（John Borthwck）是其中之一。

二〇〇〇年五月，伯斯威克接到他老闆一通電話，也就是美國線上（ＡＯＬ）的副總裁泰德．里奧西斯（Ted Leonsis）。洛杉磯高速公路大塞車，里奧西斯已經被堵在自家車內兩個半小時。

「爲什麼我不能在電話裡聽我的電子郵件？」里奧西斯質問他。

伯斯威克知道，老闆的意思不是說他的電話出了問題，而是要他去研究一種新的服務是否可能——讓美國線上的會員即使在遠離電腦之際也聽得到熟悉的那一聲「你有郵件」。伯斯威克從字裡行間找線索，知道自己已經被賦予一個重大的新任務。

接到里奧西斯電話三星期後，伯斯威克已經製作出「電話收聽美國線上」（AOL by Phone）的原型機；這項服務的內容是：將電子郵件轉換爲語音檔，讓會員用普通電話就能「收聽」電子郵件。他將這個雛型呈給管理層峰過目，得到了綠燈通行的指示（以及數百萬美元的投資預算），好讓這項新服務化爲眞實。從雛型到產品上市，伯斯威克只花了四個月的時間。

伯斯威克（和他的研發小組）確實腦袋靈光又有創意，不過這件事的節奏之所以快得難以思議，這並不是唯一的原因。這項服務的實現之所以能快馬加鞭，伯斯威克從字裡行間找線索的能力功不可沒。他不勞美國線上的會員、科技中心的合作夥伴、時代華納美國線上的高層說清楚講明白，就看出了他們的需求和冀望。

例如，伯斯威克利用他的三種直覺，算準了那些大頭會對他的提議點頭首肯：

**1 準備五或六套不同說辭來闡釋你的提案**。伯斯威克常常必須對只從單一角度看事情的主管推銷他的構想，例如只談某項新產品或服務對華爾街的吸引力如何，或是這是否有助於降低成本。

而伯斯威克已經學到：他必須設身處地，從數個不同部門主管（法律、行銷、財務、投資人公關等）的角度來做思考。他必須用對方易於了解的遣辭用字和例證來解釋他的構想，讓對方明白這個產品能爲該部門帶來什麼樣的利益。

**2 你的創意必須和貴公司當前的優先順序同步**。每家公司都有好幾個主子要討好。身爲經理人，你得操心來自各方的意見，包括財務分析專家、大眾媒體、顧客群、高階主管和同僚。而每個部門、每個單位又因爲若干變動無常的因素影響，有時候不得不在執行方向來個大轉彎。

伯斯威克著手研發「電話收聽美國線上」之初，原本打算將它做成一種新的付費服務。可是由於鮑伯．彼特曼（Bob Pittman，美國線上的頭號人物之一，當時在併購後的時代華納美國線上角逐高位）一心希望ＡＯＬ６．０的推出大獲成功，這使得公司的優先順序起了變化。善於字裡行間找線索的伯斯威克，因此將「電話收聽美國線上」的特色加以調整，用最低的成本將它併入ＡＯＬ６．０的功能，協助彼特曼達成了目標。

**3 一定要拿出一個雛型或具體的實物來**。高層主管對於虛無飄渺的討論向來沒有耐性，要他們自己運用想像更是渾身不舒服，雖然他們絕對不會說出口。可是伯斯威克看過美國線上的高階主管審查提案的情形，他察覺到他們對於抽象討論的不自在。他因此悟道，如果他能拿出一樣讓忙碌的高階主管摸得到的東西，提案得到簽字放行的勝算就會高出許多。因此，他在將任何構想呈交高層審查同意之前，一定會先設計雛型。

伯斯威克這幾個準則並不是透過問答方式找出來的，也沒有人寫張備忘錄告訴他要這麼做。他只是在與高層互動之際從字裡行間找線索，直覺悟到這種方式可以獲得他們青睞。

而伯斯威克也利用同樣的洞察力，推敲出如果用電話當做電子郵件的介面，客戶會希望得到什麼樣的東西。

●不勞人說他就知道，ＡＯＬ的會員一定會希望遨遊網路輕輕鬆鬆。拜這份直覺之賜，伯斯威克和他的團隊於是深入研究工程師如何利用聲音幫助盲人「看見」視窗作業系統、戰鬥機駕駛員在敵機攻擊下如何利用三百六十度的聲音在心裡描繪出自己所在的空間位置。對於「電話收聽美國線上」的雛型，這些先進的科學技術都有一份貢獻。

●要讓「電話收聽美國線上」成功問世，一定需要某種軟體引擎的配合，而伯斯威克也利用直覺來評估三個可以供給ＡＯＬ這種必要軟體引擎的廠家。他的首選是在語音科技上備受推崇的龍頭廠家。這家公司不但有數家創投公司作財務後盾，而且管理階層年輕有幹勁，活力十足。他們的產品已發展成熟，正準備上市，要收購這家公司得花好幾億美金，不過伯斯威克有這筆錢。

然而，伯斯威克的直覺要他先略過科技層面，去看這家科技公司重要主管的態度。

伯斯威克從經驗中學到：「如果東西有效，它就已經過時了，」意思是所有的發明都必須不斷求精求善，否則就是落伍。他設想自己是個二十五歲的年輕小夥子，主掌一家新創的科技公司，有人告訴他，他們的發明有兩億到三億美金的價值（這是在網際網路泡沫化之前）。伯斯威克不相信有哪個年輕人在諸多創投資本家的奉承討好下會謙遜到將這項發明付諸嚴格考驗，繼續精益求精。

因此，他畫去最明顯的選項，轉而與一家規模較小（價格也便宜許多）的加拿大公司做成交易。這家叫做 Quack 的公司營運主管都是三十來歲，伯斯威克認爲態度應該比較成熟，會對自己的創意發明繼續努力研究。伯斯威克的直覺準得沒話說。ＡＯＬ的管理高層事後稱這個收購對象爲「未被發掘的璞玉」。

雖然伯斯威克的直覺敏銳而可靠，不過那並非什麼神力，也不是舉世罕見。事實上，每個人都具備同樣的能力，足以從字裡行間找線索。

## 它叫做同理心效應

回想一下，你上回在孩子學校的家長會或某個工業研討會後的雞尾酒會上邂逅的一些新朋友。隨著你社交天線的伸展，你可能會注意到很多平常你會忽略的東西——某人的肢體語言，他的遣辭用字、聲音腔調或是身上任何不協調的地方。即使最微小的細節也能告訴你許多。根據某研究計畫得到的結論，一般人在別人甚至沒有開口說話的情況下就能做出十個重要的判斷，包括這人能不能信任和教育程度高低。

這些就是直覺的源頭，心理分析師韓斯・柯賀（Heinz Kohut）稱之爲「同理心」。柯賀爲同理心下的定義是：「能夠進入別人內在生命，對於他人所思所感如同身受的能力」。同理心是一種可靠的直覺，拜它之賜，一個人能夠領會到他人的感受、思維和經驗，而這些感受、思維和經驗不一定要有客觀或明顯的表露。

同理心不是同情心。同理心讓你保持客觀。即使你不見得喜歡某個人，你也可以對他保有同理心，不必讓自己扛著感情的包袱去下結論。柯賀認爲，同理心對心理治療師而言是個舉足輕重的技巧，正是因爲這份客觀使然。同理心對管理者也是同等重要。管理者對於他人的期望也需要可靠的直覺，如此才能下達清楚的指示，好讓團隊成員落實執行。

## 學習同理心

對於如何讓自己和他六百五十名員工都能學會高度的同理心，理查・科瑞恩（Richard Coraine）可是非常認眞。科瑞恩是曼哈頓區聯合廣場服務集團的營運長，也是該集團管理合夥人之一。

這家集團的餐廳既沒有走在時代尖端，地點不是最方便，裝潢擺設也不是最炫，可是連續許多年，有好幾家都被票選為紐約市的二十大最佳餐廳——評審團是兩千五百名極為客觀獨立的美食評家。二〇〇三年，聯合廣場的餐廳在紐約餐館聖經齊格指南（Zagat Guide）「最受歡迎」項目包辦了第一和第二名。

聯合廣場認為，自己能在兩千多家競爭對手中脫穎而出，關鍵在於履踐「聰明的貼心服務」——對顧客的期望有一種即時及直覺的認知，然後設法「超越」他們的期望。科瑞恩舉了個實例，說明聯合廣場「聰明的貼心服務」是什麼模樣：

一位男士向我們預約了一個桌位。他說是很重要的商業聚會，我們的人立刻開始推敲他的話。他們想像他會渴望讓客户印象深刻，因此安排了一個很好的桌位，替他們避開最擁擠的午餐人潮，雖然他並沒有這樣要求。

這位客人到達餐廳後，我們負責預約的同事注意到另一個機會（以展現聰明的貼心服務）。這位客人的手提袋把手斷了，所以他將它夾在腋下，怕被他的客人看到。趁著兩人進午餐之際，我們將手提袋送到街角修理，將把手重新接好。

待他到櫃檯結帳，我們的餐廳負責人特地握著把手將袋子交還給他，讓他看到手提袋已完好如新。大家一個字也沒說。

《美食家》雜誌的作家布魯斯・費勒（Bruce Feiler）在文章〈餐桌旁的心理治療師〉

中，將「聰明的貼心服務」歸因於同理心的觀念。「在這裡（指聯合廣場咖啡館，該集團旗下的六個餐館之一）工作，你會發現你內在的治療師……你會花許多時間想到別人——不只想到他們的需求，也想到他們的感受。」這家餐廳經理勞倫．葛雷瑟也說：「我們替客人做了許多極爲貼心的事，而他們往往毫不知情，或是根本不知道自己有這個期望。」

「要設身處地爲客人著想，」科瑞恩這樣告訴他的員工。「你的直覺會讓你知道，你該怎麼做，才會讓客人覺得與眾不同。」科瑞恩的合夥人、也是該公司的創辦人丹尼．梅爾（Danny Meyer），將聰明的貼心服務設定了一個極高的標竿。「我們投入這一行，是爲了得到和我們做生意的人的盛讚，」他告訴員工。「如果他們的評語是：『服務還不錯』，那『不是』盛讚。」

聰明的貼心服務需要同理心，而爲了培養這樣的情操，科瑞恩提供了一則配方，能讓你更具同理心。

## 科瑞恩的配方

你還記得電影「綠野仙蹤」的結局嗎？奧茲國的巫師準備啓程回堪薩斯老家，他看著聚集的民眾，做出一項宣示：

本人在此詔示，在我回來之前——如果有朝一日我會回來的話——，稻草人將代我治理此地，因爲他有卓越的頭腦……錫人從旁輔助，因爲他有顆高貴的心……還有獅子，因爲他有勇氣！你們要順從他們，一如你們順從我！

科瑞恩認爲，這段臨別宣言包含了同理心必須具備的三種成分：聰敏、好心和勇氣。科瑞恩接著說了一個故事：

有回我從紐約搭飛機去亞特蘭大，抵達旅館時剛過午夜。飛機上我沒吃東西，心想就寢前需要吃點宵夜。我打電話給樓下的客房服務要他們送一碗雞湯和鹹餅乾來。電話那頭是位小姐，不知爲什麼她問了一個和我的要求完全不相干的問題。

「你還好吧？」她問我。「有人不舒服才會向我們點這種東西吃。」

「噢，不是，我很好，」我說，一面清喉嚨。「謝謝你關心。我剛從紐約飛過來，明天一早就要開業務會議。我很餓也很累，不過我沒事。」

她大可遵照旅館的作業手冊，只說：「雞湯一碗、鹹餅乾，一一二五號房。二十五分鐘內送到。還有其他需要嗎？」

可是她用了頭腦，心想這個客人點了雞湯和鹹餅乾，而且聲音聽來惺忪半醒，說不定是身體不舒服。

接著她也用了心。她的心這麼告訴她：「如果我人不舒服，我一定會希望有人問候一聲，表示關心。我就看看我能不能多做點什麼，讓他好過一些。」

之後她還用了勇氣，將她的腦和心告訴她的付諸行動。

「很高興你沒生病，」她說。「不過我還是會在你的點餐單上貼張紙條要東西盡快送到，好讓你趕緊喝完湯上床睡覺去。」

我敢打賭，那位小姐一小時的薪資不過八或九元。可是她的作爲強化了那家旅館的品牌形象，對我來說比一支以百萬成本製作的電視廣告還有效。我完全體會到她的心意。我完全感受到她的聰慧。我也完全領受到她行動的勇氣。我向我所有的員工熱烈推薦這家旅館。

科瑞恩爲他的故事做了收尾——他對每個員工都這麼做。「你必須用你的腦袋，事事好奇。你必須用你關懷的心。你還必須具備勇氣，敢於爲那些素昧平生的人脫困解圍，」他解釋道。「要具備同理心，你需要的就是這些。」

## 用你的腦

蓋伊・亞奇柏德（Guy Archbold）以執行長身分接掌藍點能源（BluePoint Energy, Inc.）的

時候，這家新創企業正瀕臨倒閉邊緣。可是，區區兩年之內，他扭轉了大局。內部而言，組織情況大爲改善——員工有如重新充了電，專利申請紛紛過關，各種模型的技術水準比預期還好。外部而言，未來遠景大好——新的投資人熱絡進場，和《財星》雜誌前五十大企業簽約成爲策略盟友，客戶也做出重大承諾。雖然有待努力的地方依舊很多，但公司已有了可觀的轉變。

湯姆·曼茲（Tom Manz）是該公司的一位元老級投資人，自承很驚訝看到亞奇柏德有能力做這麼多事。爲什麼？因爲亞奇柏德過去從來沒有力挽狂瀾的經驗。他甚至不曾在科技公司待過。先前他是個華爾街的金融管理人兼業務主管。

「蓋伊不但把這一行摸得熟透，而且界定了市場、和一堆優質夥伴盟友達成合縱連橫，」曼茲說。可是眞正讓他訝異的，是亞奇柏德能夠將所有和藍點能源公司的未來休戚與共的人都串連在一起。

「亞奇柏德是個魔術師，」曼茲繼續說。「不管是高檔的投資客、躊躇的能源事業主管、還是滿腹狐疑的工程師，只要你想像得到，什麼人他都能拉在一起。他不但讓那些人的視野穿越重重難關看到大好契機，還讓他們投入行動。我從來沒見過這樣的事情。他〔亞奇柏德〕確實讓幾個最難搞的人改變了心意。」

爲什麼曾經擔任華爾街金融管理人的蓋伊·亞奇柏德能夠贏得這麼多不同團體的心？「從華爾街來的那些西裝革履的傢伙，和其他人打交道從來就不曾有過重大成功；他們只能和其他的華爾街西裝族聲氣相通，」曼茲觀察道。「蓋伊卻能和任何人平起平坐，上自最高財務主管或管理策略專家，下至能源公司的機工。他能說動所有的人相信他。」

「我到任的時候，其實只有一半的對策，」亞奇柏德坦承。「另外一半我簡直是搜盡枯腸。那時候我確實需要一點魔力。」而當他利用腦袋發揮同理心，魔力真的出現了。

我這話是什麼意思呢？容我用另一個故事解釋給你聽。

一如原先所有的投資者，亞奇柏德也相信藍點能源令人振奮的新發明前途似錦——這種插電即可用的電力發電機對老舊能源事業的功用，一如桌上型電腦之於電腦工業。它可以將能源（眞正的能源）轉換到人的手上，是一場可靠、廉價、幾近無污染的電力革命。

「加州才剛經歷過數十年來最大的電力危機，」亞奇柏德解釋道。「權威專家預測分區停電勢不可免，而有眼睛的人都看得到，電費一定會大幅調升。這時我看到了這種注定會造就一個攸關數十億美元的產業、獲利豐厚的新科技，而且有機會投身進去。」投資人紛紛進場後，公司告訴他們：「這項新科技已準備申請專利，預計的單位製造成本甚是便宜（這種發電機兩年就可回本），而且市場對它的興趣高聳入雲。」

只是，這些投資人並沒有被告知事實的全貌。這項新發明的技術藍圖其實有多處重大漏洞，而該公司並無對策。「它的遠景讓我們盲目，」亞奇柏德承認。「我們聽信了那位首席工程師也是系統設計師的話，後來卻發現它並不是萬事俱全。我失望極了。」

這些投資人必須做個決定。「我們有兩個選擇。第一，讓這個東西無疾而終，免得我們丟更多鈔票進去；第二，認清我們目前的立場，不計一切代價去實現當初的願景，」曼茲說，將當時情勢形容得一針見血。

這群人決定繼續圓夢。亞奇柏德接下執行長大位，眼前的目標只有一個：將碎片綴補成一個成功的故事，好吸引更多投資人。這是亞奇柏德能否善用同理心的第一個重大考驗。

「我必須說，當我初次出門去見那些潛在的投資客和合夥人，我已心知肚明，這是個『證明給我看』的市場。那些握有資本的投資家早就說過：『別管構想好不好，把你的銷售數字給我看就好。而且，最好是賺錢的數字。』我需要大型能源公司和有影響力的工程顧問公司和我結盟，可是那些主管也都是同樣的心態。『證明給我看』是市場上普遍的回應。而我的問題是，我根本沒有東西能拿給他們看。」

亞奇柏德於是從字裡行間找線索，推敲出這些投資人想要的無非是高回收和零風險。如果藍點能源這項科技受到專利保護，而市場客戶的興趣又足以顯示利潤的可能（即使是薄利），那麼投資人的風險就會非常之低。

亞奇柏德的耳朵告訴他，投資客要的是「零風險的買賣」。可是他深具同理心的頭腦告訴他，就算條件沒那麼好，很多人也會將就。任何精明的投資客都會了解，高報酬一定伴隨著高風險。亞奇柏德的直覺告訴他，只要他能讓投資人明白投資藍點能源的風險低於投資其他創業公司，這就應該足以贏得信任，把他們帶進場。

他決定將這個直覺付諸實驗。他設計了一個口耳相傳的做法，目標是證明藍點能源只差一步就能躋身成功企業之林。他的做法是這樣：

無論什麼時候，亞奇柏德只要聽到哪個潛在的買主說：「蓋伊，你們這種產品我們要買一百台。我們打算從現在起試用一年。」亞奇柏德隨後就會發一通電郵給對方。郵件大概是這樣的內容：「親愛的哈瑞，很高興今天和你有一席談話。我會遵照所囑，一等測試結果出爐就立刻打電話告訴你。你對我們有信心，我很感激。聽你說要將我們一百台的產品納入貴公司下一年度的計畫，眞是非常開心。」諸如此類的。

通常他會收到電郵回覆，內容類似這樣：「蓋伊，聽到你們有進展我很高興。一如我們所討論的，等你的測試結果一到，我就會要我們的工程顧問團進行審查。」

亞奇柏德接著會將這通訊息轉寄給其他可能的投資客和合夥人。「無論是市政當局、工程顧問、能源界的龍頭企業，只要對我們有正面的意見回饋，我都會這麼做。我也會把一些描繪能源分配產業〔這種行業今天的名稱〕燦爛遠景的報告傳寄出去，」亞奇柏德解釋。「我還會一再地把我們的進展寄給所有的關係人。這種事我做了恐怕不下千次。」

這些電子郵件雖然不是那些投資客和合夥人說他們在投入之前希望看到的專利或利潤，但畢竟也是退而求其次的好東西——是藍點能源公司深具潛力的具體證明。

「這些涓涓滴滴的好消息效果好得難以置信，」亞奇柏德說。「即使後來一路上我們跌了更多次跤，那些人依然守著沒離開。」

藍點能源的投資人一度被告知，五月份可望收到第一批十台的訂單。可是首次的公開產品展示卻遇到了始料未及的障礙，結果到了八月，該公司連一台也出不了貨。

「那些投資團體大可抽身走人，」亞奇柏德說。「就像我說的，這畢竟是個『證明給我看』的環境。可是從頭到尾沒有一個人退出，因爲我那些電子郵件讓他們看到了夠多成功在望的證據，所以他們對我們的衝勁很有信心。

「每個人都看到了宏觀的景象〔情勢的全貌〕——這個行業的樂觀趨向、成千上百的承諾、還有大排長龍的顧客〔我稱之爲虛擬銷售〕。如果零風險的投資不可得，那麼退而求其次的最佳選擇就是一個不斷進步、可靠而光明的未來遠景，外加許許多多的回應。這等於是告訴這些投資人和潛在的事業夥伴，他們走的路沒錯。」

沒有任何投資人告訴過亞奇柏德，他們願意接受一千個小小的進步，以取代一個有希望的雛型製作。沒有半個潛在的合夥人說過，只要看到一千縷聚集的人氣，他們就願意簽約投入。可是亞奇柏德以直覺知道，這些投資人和合夥人會怎麼看那些電郵裡的訊息。他設身處地站在各關係人的角度思考，同時利用腦袋發揮同理心，結果想出了這個令人激賞的計畫，挽救了公司倒閉關門的命運。

## 用你的心

約翰・曼提羅（John Mantello）頭一次眞正體悟到用心之於同理心的重要，是他在一家亞洲汽車製造廠擔任主管的時候。

「我以前一直認為，同理心不過就是以顧客為尊，」他說。「你知道，就是對客戶表現得專業有禮，和客戶簽一份雙贏的契約。我在入那家車廠之前從事汽車經銷，做得還不錯，和許多消費者和車商關係都很穩固。那時候我以為我頗具同理心，很能替別人著想。」

可是之後的一次經歷讓曼提羅領悟到：除非他真正用腦把他的心也帶進來，否則他的同理心僅是聊備一格。

我的公司銷售一系列的新款車，零售價和一般二手車的價格差不多，所以產品深受許多第一次購車以及對價錢很在意的買客歡迎。我們的經銷商門前總是絡繹不絕，口碑極好。有些經銷商喜歡這種門庭若市的榮景，可是卻把客戶當成是比價高手。他們以專業但保留的態度對待所有的客戶，彷彿這些顧客的真正目的都是把價格殺到最低而已。

一個下著毛毛雨的秋日午後，我去訪查市中心的一家經銷店。那天是星期三。我和那裡的主管一走進車場，就看到一對年輕男女瑟縮在雨棚下，試圖不被雨水淋濕。我問我的經銷商：「他們在等什麼？」

「那是客戶領車的地方。他們上星期天買了一部車，今天來拿。辦手續得花點時間，」我的經銷商說這話的語氣告訴我，他認為那兩人就是典型的殺價客。

我的觀察比較仔細。顯而易見，那男人是那女人的男友或未婚夫（我沒看到她戴婚戒）。她拉著他的手，凝視他的眼神清清楚楚寫著：「你是我的唯一」。

我又去看她的男伴。他的眼睛搜尋著停車場，企盼著這部新車到來——這是兩人共度人生以來第一個重大的購買行爲。

突然之間，我想到我的妻子安妮，還有我們第一次的大手筆購物——爲我們小小的公寓買的一套餐桌椅。那張餐桌象徵了許多的情感。我的心占據了我的腦袋。我憶起了我和安妮，將這段回憶和眼前停車場的情景聯想在一起。

我心想，這兩人並不只是購買一部物超所值的小車。今後他們將會共享許多重大的承諾，這只是第一個。我可以想像他的驕傲，因爲他有能力籌錢買車，也因爲他爲她鋪出一個未來，這部車就是一個象徵。一時之間，各種情緒在我心裡排山倒海——我知道他們的感受，知道他們心裡一定是這麼想。

拜這份豐富的同理心之賜，曼提羅甚至不必和雨棚下那對情侶交談，就能體會到他們眞正的需求。他們的肢體語言以及幾個具體線索（例如沒有婚戒）和他自己的回憶交融在一起，彷彿那對年輕人已經告訴他一切。他的腦海湧現出各種思緒：這對情侶可能有的期望，以及他該怎麼做來滿足他們的期望。

我不禁納悶，難道那個業務員或經理完全沒有聯想到這些？沒錯，他們是和客戶完成了賣車交易，可是他們有沒有和客人營造出更多的交情以保障日後的售後服務，甚或保證客户將來還會上門買其他的服務和第二部車？大部分的經銷商不會這麼做，所以生意雖好，卻難有好利潤。

我要他們告訴我，他們認爲那對情侶處於什麼情境，心頭可能有什麼感受（雖然我直覺上已經知道答案）。而他們光是那樣瞪著我，彷彿我說的是外國話。除了一個漂亮女生和她不修邊幅的男友，他們什麼也沒看到——不就是一對二十來歲、信用頗有問題、希望用城裡最低價格買到一部車的情侶嗎？

曼提羅知道，他之所以對這對情侶的了解遠比經銷商或業務員來得多，就是因爲這份高度的同理心。基於這份理解，他打算做出一些令他們更滿意的作爲——遠比其他視他們爲殺價客的人（例如那位經銷商）做的更多。

那是兩年前的事了。打從那天起，曼提羅就一直教導車行經理和業務員要用他們的心，要透過客戶的眼睛去看自己提供的產品和服務。結果公司的總利潤增加了，客戶成交率也更高。再過不久，他們還可望看到同理心對於客戶回門率的影響——這對汽車業的長期獲利而言是一個很關鍵的因素。

## 要有勇氣

將你以直覺所湧現的同理心表現於外，需要很大的勇氣。爲什麼？因爲你在行動之前仰賴的是直覺本能，而非事實、數據或確鑿的證明。蓋伊・亞奇柏德想出「虛擬銷售」的策略以爭取更多的合夥人和投資人，需要很多的膽識。而當約翰・曼提羅開始教導旗下經銷商，告訴他們同理心對汽車業的利潤舉足輕重的時候，他也需要勇氣去面對那些心想：「這人瘋了」的中堅經銷車行。

科瑞恩的體悟是：要讓聯合廣場服務集團的經理們有更多的同理心，秘訣在於意見回饋。「你必須授權給某個人替你拿著鏡子，好讓你照看到自己和他人靈犀相通的本事如何。比起〔我的同理心配方〕其他部分來，這可能更需要勇氣。你必須找到某個你信任〔或願意信任〕的人，而且由衷服膺他的見解，」科瑞恩說。「你必須打心底渴求進步，歡迎他們給你意見回饋。」

科瑞恩要求旗下所有的經理人都要對自己的同理心尋求回饋。「我們每個人都有人替我們拿著鏡子，」他解釋道，表示即使高階主管也得打開心胸，虛心受教。「老闆的身教很重要。員工會有樣學樣，所以挑戰〔指表現同理心〕得從最高層開始。」

科瑞恩的教練是位女性，在組織圖表上是他的下屬。「我的同事漢娜・克魯格（Hannah Kluger）的直覺準得不可思議，」他說。「再微細的訊號她都接收得到。她能看透別人的心思，而且從不失誤。我每一樁買賣都蒙受她的襄助。我給了她一張通行證，要她對我和我們週遭的人直言不諱。我今天的成功，她可說是大功臣。」

科瑞恩相信，任何人想要培養同理心，都需要像漢娜這樣的人在旁觀察自己與他人的互動。他有一張清單，羅列出這位「同理心教練」應該留意並且報告的事項，例如哪個人和顧客、同事或上司互動之際顯示出沒有用腦、沒有用心等跡象。這些跡象包括：

- 對別人說的話毫無回應
- 突然改變話題
- 明顯流露出不耐
- 只顧對方說了什麼，不去深究這話背後的原因
- 言語行為上流露鄙夷，認為對方說的話微不足道或是微枝末節
- 感情不投入，心不在焉
- 拒絕給予他人有用的回饋意見

科瑞恩認爲管理者還有一種重要的勇氣表現：清理門戶。有人會對組織中任何利用同理心或以直覺來判斷他人期望的人「放臭氣」，他會把這種人清除殆盡。科瑞恩所言的「放臭氣」，意指「同僚或主管對你當頭澆一盆冷水，然後一走了之。臭鼬在自覺受威脅的時候會發散臭氣，」他說。「如果你哪個同事或上司感覺受到威脅，或是這天諸事不順，或是一時沒用腦、不用心，都有變成臭鼬的可能。」如果科瑞恩點雞湯和鹹餅乾的那家旅館負責點餐

的小姐請廚師盡快做好這份餐食，廚師卻回她一句：「他得跟別人一樣等！」那就是對她放臭氣。

許多組織中的同理心慢慢流失，這就是原因。大家帶著一點火花來上班，可是這星星之火不但沒被煽成熊熊烈焰，反被一盆冷水當頭澆滅——也澆熄了他們的自動自發。聯合廣場服務集團有個「不准放臭氣」的政策。這個政策由員工負責執行，科瑞恩親自背書。

在我訪談過的管理者當中，有多位都是因爲善用字裡行間找線索的能力而獲致了重大優勢。比爾・卓勒斯在爲他耗資數百萬美元的企業改造計畫尋求支持之際，是以直覺領悟到耶路公司的卡車司機和貨運站人員的期望。而瓊安・莉普曼之所以能讓每位同仁都投入《華爾街日報》再造計畫的執行，同樣也是拜直覺之賜。

可是，當這些主管級人物被問道，這種察言觀色的能力該用什麼方法培養甚至如何精益求精，沒有人能解釋得清楚。回答得最好的是耶路集團的執行長比爾・卓勒斯：「你得很想要這麼做才行，」他這麼建議。

這話是有點幫助。大部分的人之所以錯失了訊號，多半是因爲他們不認爲從字裡行間找線索是首要之務。它需要很多的力氣，很多的專注。它還需要特別的紀律。

理查・科瑞恩已經找到了同理心的配方：除了ＳＭＡＲＴ的成分，還要一顆心、一股勇氣。試它一試吧。你會驚喜地發現這個配方對你字裡行間找線索的能力具有驚人的效果。

# 3

# 評估更精準

## 我們需要完整的機制來評估每一步的成績

執行不能落實的原因，
常常是因為經理人未經深思熟慮，
沒有預先決定要做哪些事，就貿然採取了行動。
他們既沒有將起點勾勒清楚，
對於可能面對的困難也不曾做過全面評估。
領導階層自以為無所不知，其實差得老遠，
而他們也未將自己的信心付諸檢驗。
因此，他們並沒有一個清楚的方向。
也因此，光陰過去，他們一事無成。

她的期望再清楚不過了。

可是，經過五年人人以爲是有效的執行之後，這位執行長恍然大悟，她的組織其實只做了一件事。套她自己的話說：「摸魚打混而已。」

「我們有個高階主管從一家醫院視察回來，」這家資產十八億美元、名爲SSM健康照顧機構（SSM Health Care，簡稱SSMHC）的執行長瑪麗・珍・萊昂修女（Mary Jean Ryan）向我解釋。「他到那邊的時候，一個同事問他：『我們是不是還在做CQI？』」CQI是該組織五年前所推行的持續品質改善計畫。

「我聽到這話，」萊昂修女說。「差一點沒昏倒。」

雖然她對領導團隊指示得清清楚楚，她的目標是提供資源和每間醫院合作，讓CQI由下而上動起來，可是這個組織並沒有讓它落實。事實上，SSM健康照顧對CQI的推展簡直是亂槍打鳥，一位第一線的同事因此質疑，總公司對這個計畫到底當不當一回事。

執行無方，對組織而言是個沉痛的控訴，一般的執行長面對這樣的罪名，往往會找藉口推託。「這個計畫在其他組織或許會有極好的效果，」這是典型的合理化解釋。「只是這裡不一樣。在我們這種行業（或是我們這種規模、這種情境），從來沒有一家推動生效過。我們還是換其他的計畫試試吧。」

可是萊昂和她的團隊完全不同於一般。他們不找彎腳的藉口，也不把責任往外推。這麼多的時間和心力都是虛耗，而他們炯炯直視著這個巨大的漏洞，強逼自己做出正確的評估。

「我們知道，CQI這套制度沒錯，」萊昂說。「一定是『我們』遺漏了什麼。」

萊昂團隊於是深入表面，亟思找出失誤的根源（這是正確評估的要素之一），終於發現執行不能落實的原因。SSM的經理人未經深思熟慮，也沒有預先決定要做哪些事，就貿然採取了行動。

他們既沒有將起點勾勒清楚，對於可能面對的困難也不曾做過全面的評估。領導階層太過自信，自以為無所不知，其實差得老遠，而他們也未將自己的信心付諸檢驗。換句話說，他們在初始推動CQI的幾個關鍵步驟時，並沒有將自己的期望和第一線的實際情境做個對照。因此，他們並沒有一個清楚的方向。也因此，五年光陰過去，他們一事無成。

這份直言無隱的評估報告一出爐，萊昂和她的團隊隨即做了其他更徹底的評估，方向很快就變得澄明。他們接著回到執行面，做出更精準的評估，以確定組織的行進方向不再偏離軌道。「我們在〈更新〉計畫後的第二年就看出來，我們抓到重點了，」萊昂說。

接下來的兩年間，SSM健康照顧在好幾家合作醫院中順利開展了CQI計畫。他們的執行成績非常卓異，好幾個會員醫院因此備受肯定，分別於奧克拉荷馬、密蘇里、伊利諾、威斯康辛（該組織的家鄉）等州的CQI計畫評鑑中獲選為年度最佳執行機構。

二○○二年，美國國家品質獎新設了一個健康照顧獎項，SSMHC成為這個項目的第一個得主。（該品質獎是一種績效評估和獎勵計畫，由美國國家標準與科技研究院主辦，對象是所有實施CQI計畫的公司組織）。

設定並保有清晰的方向需要莫大的心力，ＳＳＭＨＣ歷時十三年的奧德賽漂泊之旅就是一個歷歷如繪的實證——它從清晰無比的期望起步，然後是五年的摸魚打混，之後才學會做出正確的評估，繼而是猶如火箭般一飛沖天的落實執行。

徒有清楚的期望是不夠的。清晰的方向需要一套全面而完整的機制，才能評估出一路上每個腳步的成績如何。

## 摸魚打混司空見慣

某個獨樹一幟的研究報導指出，組織無論公營或民營，推動的新計畫每兩個就有一個是淪於「摸魚打混」的命運——投下大量的時間和精力依然原地踏步；目標始終可望不可及。

俄亥俄州費雪商學院幾位學者針對數百個行銷、採購、產品研發、人力資源和生產製造方面的決策做了一項研究。他們從經理人察覺到變革的需要開始觀察起，然後一路追蹤，持續監督，看這些領導階層如何蒐集資料、考量各種方案、推動決策。接下來，這些學者只用一個評量標準為各個組織打分數：這些決策的執行是否持續至少兩年？還是一開始就陰溝裡翻船？下面是該研究令人蹙眉的結論：

「無論是為了解決難題還是把握商機，管理階層投注於某計畫的時間和精力，有一半都是白費。」

是什麼原因導致如許時間和精力的虛耗？研究主持人保羅・納特博士（Dr. Paul C. Nutt）做了一個結論：問題癥結出在經理人的評估上——不管是當前的情勢、該做些什麼、要如何去做，這些主管都欠缺一個正確的評估。

「在本研究所測試的決策方略當中，每三個就有兩個歸於失敗，」納特教授寫道。在他二〇〇二年的著作《決策何以失敗？》（*Why Decisions Fail?*）當中，這位學者詳列了二十一類有瑕疵的決策方略，例如沒有深入表面看到內在、結論下得倉卒草率，或是任由個人情緒左右商情判斷。納特教授的結論是：這完全是因為這些組織欠缺一套「制度」；換言之，在這些組織中，一套能確保經理人在採取行動之前提出正確的問題同時得到正確解答的機制是付諸闕如的。

為什麼那麼多的經理人沒注意到，他們的決策過程有這麼大的一個漏洞？一個最大的原因是：鮮少有組織會記錄哪些時候他們的評估是正確的，而什麼時候他們又做了不正確的評估。

「管理者會記得自己的成功和失敗，」納特教授這麼寫。「可是會將這些成敗經驗付諸有系統分析的，卻是少之又少。」

事實上，另一項研究也發現，雖然現代企業的電腦能力和資訊庫存作業威力強大，然而會追蹤自己思考品質的美國組織，十家中還不到一家。

「你以為很多組織會為了複製成功經驗，而將成功決策的過程做成紀錄分享出去，也會為了從錯誤中學習而將不良決策的來龍去脈記錄下來，」崔格全球策略顧問公司（Kepner Tregoe）的一個研究小組在一篇名為〈數位世紀的決策〉的報告中寫道。然而在這項以一千名高階主管為受試對象的調查中，十個經理人有九個（九〇%的比例）說，他們的組織既未保存這種資訊，也沒有任何能提供經理人做出更正確評估的機制。

因此，納特教授寫道：「經理人會在謀略和成果中間做出謬誤的連結，同時在追蹤紀錄匱乏的情況下，重複運用那些謀略。」

想想看，如果你把這些駭人的統計數字在你的企業中做個轉圜，你的優勢會有多大。SSMHC的經驗會告訴你怎麼做。

## 如何做出更精準的評估

當初我告訴一位任職於電信通訊巨人斯普林特（Sprint）的同僚（姑且稱他爲小杰吧），說某個國家品質獎得主爲了做出更精準的評估，而制定了一套詳盡完善的機制，他的態度是嗤之以鼻。

「我們這裡〔指斯普林特〕也用國品獎那套準則，訓練也和他們的檢核員大同小異，」這位內部人士告訴我。「可也從沒做出什麼精準的評估過。我看過我們的應用情形〔意指國家品質獎的題目清單和斯普林特的解答〕。聽起來亂有道理的，可是我知道，不管是員工的評鑑還是做事方法，我們其實都不是那樣做。」

全美品質計畫是美國國家標準與科技研究院的一環。這個機構的宗旨是藉由持續的品質改善，協助企業提高競爭優勢。它擬定了一系列的題目，包括領導制度、策略方向、顧客期望、評量制度、員工培訓及發展、作業程序與績效結果的關聯等，做爲各公司行號評估一己品質改善計畫的輔助。可是根據小杰的理解，懂得提問正確的問題和做出精準的評估完全是兩碼子事。

因此，本章所談論的主題既不是品質計畫的題目清單，也不是企業持續改善計畫的過程。我打算闡釋的是小杰不知道的那個部分：這個品質計畫的評估準則之下還有三個相互關聯的紀律，保證能讓任何正在推動計畫的企業做到更爲正確的評估。SSMHC的故事會告訴你，只要你將這三條紀律運用得當，保證你會找到清晰的方向，不至淪於「摸魚打混」。

**紀律一——以白紙黑字寫下來**

**紀律二——穿透表面，深入內裡**

**紀律三——讓旁人檢核你的評估是否正確**

## 紀律一：以白紙黑字寫下來

「企業界有個傳統：召集各層級的經理人一起開會做計畫，」威廉·史達巴克（William Starbuck）教授對我解釋。「大家在會議室裡做出決策，例如該怎麼做才能賺更多錢，或是該如何行銷某個新產品。這種做法是基於一個假設：眾人（指所有出席會議的經理人）的判斷可以爲正確的決策提供良好的基礎。」

史達巴克是紐約大學史登商學院的管理學教授。他針對上述現象深入研究，得到的結論是：這個迷思（一群經理人圍桌討論，是做出商業決策的好方法）是建立在一個極爲危險的假設上。

「對於自己的行業和處境，經理人的視野通常有嚴重的扭曲，」史達巴克教授於二〇〇三年發表了一篇關於經理人認知正確性的報告，他寫道。

換句話說，很多企業茶水間竊竊私語的傳言都是眞的：大部分的經理人自以爲無所不知，其實一無所知。事實上，根據史達巴克教授的研究，一場會議的經理人當中往往十個有六個和現實嚴重脫節。團體的評估因爲這些不實的認知而蒙塵，難怪那麼多組織有一半的時間都像在轉輪盤，賭運氣而已。

眾多經理人和現實脫節，何以致之？史達巴克和上述報告的另一位作者約翰·米吉亞斯（John M. Mezias）列出了許多原因，包括：

●「很多高階經理人的週遭都是只會點頭哈腰的應聲蟲，」兩位教授說。「〔這些應聲蟲〕報喜不報憂，不但將問題徵兆篩濾殆盡，連中階經理人發出的警告也被他們消了音。」因此，管理層峰「看到的組織缺失要比實際狀況來得少也來得輕微」。

●某些高階主管的「人際溝通技巧和行徑簡直就是鼓勵同僚和部屬掩飾太平〔把困難問題的眞實答案藏起來〕或加以稀釋」。結果一如前例，這些主管對於工作上的種種眞相不僅渾然不覺還沾沾自喜，繼續做出不正確的評估。

●許多經理人對不可靠的資訊來源並不質疑，他們不但不去檢驗這些據稱是事實的資料，反而任由自己的評估被左右，例如有瑕疵的記憶、最新得到的個人觀察、茶水間的傳言閒話、媒體新聞的報導、管理大師的訓示等。

●大部分的經理人有個驟下結論的傾向，而且往往會去尋求正面的證據〔以證實他們是對的〕，對負面證據故意視而不見。過於自信的結果，讓他們的判斷失去了準頭。

史氏和米氏的研究建議，領導高層必須拿出辦法，以確保各層級的經理人對於決策有更正確的評估。他們提出兩項明確的建言：

(1)如果一個組織制定的策略和決策是以旗下經理人的認知爲依據，它必須只從有良好決策紀錄的經理人身上擷取資料，其他人的一概捨棄。

(2)爲了避免不實的資料四處漫流造成誤導，領導高層必須「鼓勵經理人承認錯誤，進而調整做法。」

而組織該如何分辨思考品質的好壞呢？它們又該如何提醒決策的參與者對於說出口的意見更加謹慎，以鼓勵思考過程更加精細呢？這些問題涉及幾個敏感的課題，而大部分理性的經理人（尤其是善於嗅聞政治風向的中階主管）就算手裡拿著一根十呎長竿也不願去碰這樣的主題。

不過，他們不必去碰。你不必口出任何批評，也可能讓內部決策的精確度大有長進。你只要制定政策，要求所有有關的人在做出重大決策之際都必須「將自己的想法以白紙黑字寫下來」。

把想法寫下來，不管是難題的對策、某個問題的回覆或是對市場現況的意見，可以避免任何經理人的一意孤行。他不必別人告知自己就有數：「喂，別人會看到這個，他們會據以評斷我和我的能力。我最好仔細點、徹底點、精確點。」在白紙黑字寫下來的要求下，大家對於自己的知與不知會更警醒，這有助於他們察覺自己思慮不周的地方。

把想法寫下來，邏輯的漏洞會比較顯見。所有的瑕疵，不管是期望含糊不清、決議過於倉卒甚至缺乏常識判斷或完全忽略了事實，你都比較容易注意到。

書面報告也是一種永久的紀錄，因此任何結論都可以交相比照，針對其正確度評定等級。幾次之後，管理者即可針對每個經理人意見的正確度拿捏出他們應得的重視程度——對於較不經心、較不可靠的經理人意見捨棄不用，對於意見較正確的經理人的評估意見則多所採用。

## SSMHC會以白紙黑字做紀錄

把事情用白紙黑字寫下來的好處，SSMHC幾乎立刻就體會到了。

「舉個例子，」萊昂說。「國家品質計畫當中有個題目，要我們形容組織的領導制度。當時我完全不懂這個題目是什麼意思，也不知道『領導制度』意指爲何。」

根據史氏和米氏的研究，當經理人被問及某個問題而不曉得答案時，他們泰半「認爲用鄉野傳奇塡滿空格就好。」換句話說，他們不是自己杜撰故事，就是把聽來甚有學問可是細究之下其實空洞無比的口號照寫一遍。然而，如果經理人必須把答案寫下來供同事參考並做成永久紀錄，同樣的錯誤他們多半不會犯第二次。

你可以自己做個求證。請貴組織哪位高階主管形容一下，他理想的領導制度是什麼模樣。如果你要求對方口頭作答，大部分的人當下就可以信口開河，說得天花亂墜。而如果你要求的是書面回覆，他們不但會要求你給時間做功課，還會在交給你過目之前草擬好幾個版本。（最近有個經理人告訴我，爲了把他的單位介紹給新進同事，他改改寫寫，整整花了三星期才完成一份只有兩頁的簡介。）

白紙黑字寫下來是設定清晰方向的重要工具，它具有不可思議的強大威力，ＳＳＭＨＣ的經驗就證實了這一點。例如，國家品質計畫的準則要求ＳＳＭＨＣ的主管對下面這個標準題目作答：「你要如何傳遞組織的使命？」萊昂說，爲了書寫這個答案，他們對於使命宣言的執行過程幾乎完全改弦易轍。

## 創造一個不是空中樓閣的使命宣言

「當初我們爲了建立制度，從員工處收集了二十一頁密密麻麻的使命宣言和價值觀念——整整二十一頁呢！」萊昂說。「所以當國家品質計畫的題目問我們如何傳達價值觀和使命，」她笑著說。「我們異口同聲問道：『他們指的是哪一個？』既然找不出這個問題的正確解答，萊昂和她的團隊不得不重擬一個「單一」的使命宣言，冀望與所有員工及相關醫生共享。他們廣納數千位同仁的意見，經過數個月的收集、撰寫、審核、一再重寫之後，萊昂團隊終於拍板定案，以十八個字道盡了組織的共同目標：「藉由卓異的健康照顧，昭顯上帝的醫治能力。」

萊昂對於這個成就異常自豪。「我們凝聚了三千多名員工的積極參與，才精煉成這十八個字。」她說。

可是，當萊昂和幾個高階主管將書面紀錄重看了一遍，他們發現，這個宣言勢必需要更多的釐清。「任何人都可以說自己卓異，」萊昂告訴她的主管團隊。「我們必須爲它做個界定，這樣才能夠針對它進行評量。」

她的團隊最後找出五個特色，足以爲他們的健康照顧體系定出「卓異」的定義——卓異的診療成績、卓異的病人滿意度、卓異的員工滿意度、卓異的醫生滿意度，以及卓異的財務成果。

將這些特色訴諸文字之後，萊昂團隊又發現每一項特色都必須做更詳盡的界定，才可能加以測量。例如，卓異的診療成績可能包括預期之外的再住院率極低；卓異的病人滿意度或許表示病患爲該組織的疼痛管理打了很高的分數。每一個特色的細節都有詳盡的說明，好讓所有員工看到，自己服務的單位對於組織使命的貢獻在哪裡。

將使命宣言以淺顯的文字寫下並且界定清楚後，這些管理者體悟道，他們必須將它傳達給所有的員工及部門共享。組織領導者勢必得將它導入同仁的日常作業之中，以免這個使命宣言流於一般的空洞口號，只能在公司內部刊物的刊頭上露露臉。

拜這個想法之賜，ＳＳＭＨＣ開始大力宣導這個使命宣言，讓它像瀑布一般流瀉到組織的各個層級。例如，某個部門說他們打算今年讓病人滿意度（卓異的五個指標之一）提高若干百分比，方法是降低回覆電話的時間，也就是接到病人求助電話後一定要在五分鐘內回覆。該部門隨即利用一張圖表追蹤進展。所有這五個「卓異」特色，也就是診療成績、病人滿意度、員工滿意度、醫生滿意度和財務成果，都必須進行同樣的程序。爲了讓過程臻於完善，管理階層爲整個組織體系設定了未來三年的大小目標，並且將這些目標發放給所有的醫院、所有的部門，包括全體兩萬三千名員工。

因此，等萊昂團隊寫完那個題目：「貴組織的價值觀與使命爲何？」，所有的員工都描述得出他每天對該使命的貢獻何在。

「我們的心得是：所謂負有使命，並不單單是擁有若干慷慨激昂的主題和善於溝通而已，」萊昂說。拜凡事用白紙黑字寫下來的政策之賜，萊昂和她的領導團隊得以明確界定這個使命，這使得它能夠被測量，也使得每個員工得以追蹤執行，看著它成爲眞實。也因此，他們每一天都看得到自己和這個共同目標——「藉由卓異的健康照顧，昭顯上帝的醫治能力」——的關聯。

放眼望去，全球不被員工和顧客視爲是空中樓閣的使命宣言屈指可數，而藉由白紙黑字的書寫，SSMHC的使命宣言便是這些鳳毛麟角之一。

## 紀律二：穿透表面，深入內裡

「你在找問題的時候，」萊昂解釋。「光是口說：『我認爲這樣或那樣』是不夠的。你必須回頭跟著過程走一遍，直到找出問題根源爲止。」

穿透表面、深入內裡，是做出正確評估的第二條紀律。既然組織推動的計畫每兩個就有一個淪於失敗，經理人勢必得花時間檢視層層疊疊的問題或是曖昧不明的情境，以避免功敗垂成的命運。

「花時間去探究內裡，對我們來說是個新鮮的做法，」SSMHC策略研發處的副總裁威廉・湯普森（William Thompson）說。「在健康照顧這一行，通常我們在找出問題之後就立刻著手解決。

「比如說，我們打算改進外科手術延遲的問題。一開始，我們會找幾個主任級會商，如果他們認爲『可能是麻醉部分出了錯』，就會指派某個人去解決麻醉的事。

「六個月後，麻醉方面早已做了變動，我們卻發現問題還沒解決。這時我們會再度會商，又拿另一個東西開刀，以減少手術的延遲。」

組織無分大小，這種情形可說是家常便飯。

經理人有如生活在槍口下。當今的經理人比起五年前來，有四分之三每天必須做出更多的決策，可是工時並不比五年前長，因此不得不在更短的時間內做出決定。難怪諸多經理人會匆促做出結論，爲的就是節省時間。

可是，如果你六個月後還得回頭檢視同一個問題、重擬另一個對策，你可沒把時間省到。（這裡也一樣，如果企業對於後續的執行有所記錄，留意到當初走的路徑何以導致失敗，這種生產力的嚴重延宕勢必會比較明顯。）

這一條紀律——穿透表面，深入內裡，找出因果之間的眞正關聯——，改變了SSMHC匆促下結論的習氣。「我們現在理解到，我們失敗是因爲沒有找出手術延遲的根源。我們應該這樣問：癥結在於醫生遲到嗎？設備不全嗎？是測試延誤嗎？麻醉藥不當？還是別的？」湯普森說。

而今SSMHC已經學到，深入內裡的過程可以分爲四個環節：

**一、群集現場第一線的專家，共同腦力激盪，找出所有可能的原因**。無論什麼問題，SSMHC的分析都是從召集一個小組共同討論開始，而小組成員並不是和基層嚴重脫節的各級主管，而是熟諳情況的內行人。例如，「爲了讓手術準時開始，我們會把所有涉入作業的人找來，包括外科護士、助理護士、技師和醫生，」湯姆森解釋。「理想的小組規模是五到八人，這其中不包括總公司的管理階層，不過他們可以旁聽。大家好整以暇地針對手術的延遲仔細檢視，列出各種直接間接原因，然後將清單分成兩部分：一是可能的原因，一是看來絕無可能的原因。這樣做的目的是將所有的可能性一網打盡，說不定就能找出先前忽略掉但其實影響重大的緣由。」

**二、小組投票決定，將可能的原因刪節為三、四項最有可能的原因**。小組洋洋灑灑列出十項甚至多達五十項的可能性後，就從這份長長（而且常常是龍飛鳳舞）的清單上仔細過濾，找出需要進一步檢視的原因來。團體票選很重要。每個與會的人不免都有一些先入爲主的想法和成見，這可能導致他們做出不正確的評估。藉由團體票選，這些盲點甚或叵測的居心都可以被排除掉。

**三、蒐集數據，測試因果之間的關聯**。有人以爲這麼做勢必得大費周章或是需要龐大的成本，其實不然，SSMHC的小組往往是利用常識來探討這些可能的原因是否就是問題癥結。「我們會把幾個最可能的原因列出來，」湯姆森說。「這張簡單的檢核表就當成是紀錄。」接下來，指定的負責人會以兩星期或一個月的時間留意是否有手術延遲的情事，一旦發生，立刻在這張列有四項可能性的檢核表上將延遲原因打個勾。小組接著將這些數據蒐集起來加以統計，勾選最多的一項就是癥結，日後會受到更多的監控。同樣的，這條紀律可以避免主管們依賴自己的記憶行事，進而排除認知上的不正確。

**四、擬定解決方案**。SSMHC的「扒根小組」先以腦力激盪出各種可能原因，繼而利用第一線員工的專業將可能性精簡到三或四個，接著再根據常識得來的數據將這幾個最有可能的原因付諸測試。等走到這一步，他們已經胸有成竹，準備要解決問題了。湯普森說，這些成員這時會再召開一次會議，如此找出的對策不但持久，而且效果遠高於以往。

評估的正確與否，不僅僅關係到經驗、資歷或是組織層級中的地位高低。爲消弭管理階層匆促下結論的習性，所有的組織都應該利用這條紀律探究所有的問題——穿透表面，深入內裡。

## 「為什麼」五問

要穿透表面、深入內裡，「為什麼五問」是最簡單的方法之一。豐田汽車生產制度的創始者、也是不間斷品質運動先鋒的大野耐一（Taichi Ohno）認為，對於組織的各種疑難雜症，如果經理人希望一開始就得到清楚而正確的評估，他們必須在擬定對策前提出五個「為什麼？」，並且設法尋求解答。舉例來說，在ＳＳＭＨＣ內部，「為什麼五問」可能類似這樣：

一、為什麼我們「摸魚打混」了五年之久？

解答：公司的持續品質改善計畫並沒有和每個營運單位的策略目標相結合。（這只是可能的答案之一。當你利用「為什麼五問」，你必須針對所有的答案個別推敲，追根究柢。）

二、為什麼這個計畫沒有和策略目標相結合？

解答：因為公司選擇推動計畫時，它並不是準則之一。

三、為什麼它不是準則之一？

解答：因為我們不知道它有那麼重要。

四、為什麼我們不知道那種東西很重要？

解答：因為我們一開始就沒問對問題，所以不知道哪些東西重要哪些不重要。

五、為什麼我們不問對的問題？

解答：因為我們不知道該問什麼。

當初要是SSMHC利用了「為什麼五問」，當可避免執行的失敗，不至於白白浪費五年的光陰。他們會及早領悟到，時間和精力之所以被虛耗，問題根源是因為不知道該問什麼問題。

這一則簡單的紀律具有不可思議的力量，它能告訴你什麼地方做得不對。下回你碰到問題，不妨試試。

## 紀律三：讓旁人檢核你的評估是否正確

國家品質計畫的負責人哈瑞．赫茲（Harry Hertz）說，每個月約有二十五萬名經理人從他們的網站下載評量工具和相關資訊。可是，不管哪一個年度，申請甄選的組織都不超過一百個。爲什麼申請的組織那麼少？有的是自知尚未準備妥當，有的是動機不強，不過有許多之所以躊躇不前，很可能是因爲第三個紀律——將門戶大開，請一群外人進入檢核，看自家組織是不是眞的做到了它號稱做到的事。

一般美國人每年會說兩千五百五十五個無傷大雅的謊言，平均一天七個。在職場上，這些謊言會演變成杜撰故事。許多主管編故事的本領高強，還會利用權位逼迫別人陪他一同演戲。唯一轉圜這種習氣的方法是讓他們知道：有人除了會對他們仔細檢視，還會煞有其事地做出報告，以測試他們說的話是否正確。

每個國品獎的申請單位都要經歷一番現場審查的程序。這就像是年度健康檢查，衣物脫光讓醫生審視，看是否有健康不良或罹病的徵兆，只是病人換成公司行號而已。檢核員亮起大燈，將申請者的一切都暴露在強光下。（以SSMHC來說，爲了檢核它長達六十三頁的書面回覆是否精準，共有八百多人被約談，包括各層級的員工和該體系的合作醫生。）

「人（經理人）的內心都有一堆盲點，」評審之一約瑟夫．穆齊克沃斯基說。「他們需要外人替他們拿著鏡子看清楚。」穆齊克沃斯基是美國 Solvay 製藥公司的商務流程暨策略部門的副總，一開始擔任檢核員，後來變成評審。他在效命該基金會期間，曾經做過不下六十次的深入檢核。

「檢核員會大挖特挖，深入髒汙，審視所有的關聯。我們的關鍵問題是：所有的東西（指申請表上的文字資料和現場審核蒐集到的證據）是否吻合？」穆齊克沃斯基說。「比如說，你會觀察他們有沒有傾聽顧客的心聲，有沒有從客戶身上學到東西。假設某個顧客說：

『這東西我七天就要，』可是你們公司的程序需要十天，我們就會去了解，你要怎麼做以找出落差所在，並且將這個落差塡補好。」

你還記得本章開頭出場過的小杰嗎（那個任職於斯普林特的工程師）？「我們也做了〔書面〕申請，」小杰說。「可是當你看了那些大頭寫的東西，你會說：『我們的員工評鑑才不是這樣。這樣做根本就行不通。我清楚得很，這裡不是這樣做事情的。』」

斯普林特的評鑑程序註定不會正確，因爲它不願將自己暴露給具有專業知識、不和稀泥的人審視。受五大會計事務所稽核的公司流行做假帳，這股歪風已是舉世皆知，所以光是僱個人來檢核內部作業是否正確是不夠的。你得找個不妥協、不苟且的人才行。

而這人不一定要是外人。比如說，斯普林特大可找幾個直言坦率、位階較低的員工組成小組進行這項檢核，例如小杰。你還記得那個有名的童話吧？你只需要一個天眞的小孩，就可以發現國王並沒有穿衣服。

## 耶路如何檢核它的正確性

耶路通運集團的執行長比爾・卓勒斯當初對旗下的耶路交通公司下達指示，要這家提供物流服務的子公司從超越顧客期望做起，也就是讓客戶對該公司的服務「非常」滿意（不能只是滿意而已）。卓勒斯問該集團當時的行銷主管，公司的顧客滿意度如何。「顧客怎麼看我們？」他問。

這位行銷部門的副總的評估是：「他們喜歡我們。」

若是一般的高階管理者，聽到這樣的評估會感到如釋重負，甚至龍心大悅。畢竟，耶路並沒有走下坡的跡象；每天打電話來請他們提供服務的顧客總有數千人之多。卓勒斯並沒有看到任何明顯的不滿徵兆——投訴抱怨不多、重大客戶未曾流失，連個「一般顧客不喜歡我們」的調查報告也闕如。「客戶喜歡我們，」聽來是個非常合理的結論。「那好，」一般的管理高層或許會這麼想。「我們就從『喜歡』開始，擬定計畫將指針從『喜歡』移動到『非常喜歡』。」

可是，卓勒斯是個比一般更勝一籌的管理者。他決定要訴諸檢驗。他要百分百確定，這位副總對於耶路顧客滿意度的評估是正確的。

卓勒斯指派了幾個主管組成小組，要他們捲起衣袖，搬來好幾箱近期的客戶交易資料。「你們去找，」他對這群主管說。「我們有沒有做到客戶要求我們做到的事？」他的想法是：要是有人付錢請你去做某件事而你沒做到，他們不可能「喜歡」你。這幾箱客戶交易資料可以讓他對耶路的交易狀況有個概念。

卓勒斯很快就發現，他的副總錯了，而且錯得離譜。客戶對於物流服務公司有三個基本期望（貨到準時、貨物保持完整、單據正確無誤），而每十筆交易當中，耶路就有四筆沒有做到其中一項（甚或多項）期望。

「那個副總怎麼可以說顧客喜歡我們？」卓勒斯問自己。「我們幾乎有一半的時間讓他們失望了。」

要是卓勒斯對行銷副總的話照章全收，不消說，這家公司不知道還會發生多少摸魚打混的事。可是他沒有輕信，反而加以檢驗，想要探知那位副總的觀感是否正確，因而發現了耶路的首要之務：讓那十家客戶中的四家不再失望。第一步踏出之後，卓勒斯和他的主管群這才能夠著手推動計畫，讓耶路的客戶從「滿意」變成「激賞」。

耶路劍及履及，很快就把導致客戶失望的原因一一矯正過來。不出多久，該公司的服務瑕疵率已從百分之四十降至百分之四以下。《物流管理》（*Logistics Management*）雜誌舉辦的年度「追求品質」獎項，耶路的顧客服務排名第一。這樣的改頭換面，完全是因爲卓勒斯將旗下經理人的認知付諸檢驗所致。

## 要求正確太過份了嗎？

《經理人認知之正確性研究》（*Studying the Accuracy of Managers' Perceptions*）的作者之一威廉・史達巴克教授認爲，瑪麗・珍・萊昂修女代表了一種自成一格的執行長。「這個個案經驗很難移轉到其他企業，」他說。「這是修女文化使然。她們篤信信實。她們置身於一個以信實相待的環境裡。比起我們多數人來，她們接受眞相的能力強得多。」

比較典型的執行長則往往被「不能讓大家看到我出錯」的觀念所綑綁，因而粉飾太平，企圖遮蓋所有的過錯和謬誤的判斷。史達巴克教授提到他進行研究之際遇到的另一位大企業執行長。「這位大老闆什麼事都一清二楚，他知道一切都完美已極，」史達巴克教授話中帶刺。「他絕對不可能做任何變革，連聽都不願聽到。」在史達巴克教授看來，萊昂修女願意讓自己看到毫無遮掩的眞相，這點頗不尋常。他認爲這項特質和萊昂的宗教信仰有關。

敢於面對毫無遮掩的現實，萊昂的胸襟確實非常開放。不過，認爲這份胸襟和聖芳濟宗教有關卻是個大膽的假設，這種跳脫許多可能的答案而得出的結論有失公允——世界上胸襟和萊昂修女一樣開放的組織和主管其實所在多有（例如卓勒斯以及本書介紹的其他許多人）。不過，史教授的疑慮倒是指出了一個重點。

當你需要清楚而正確的評估時，你不能訴諸經理人的良好品德。每個人都必須知道，組織設有一套檢核的程序。

一如十九世紀的社會哲學家邊沁（Jeremy Bentham）所言：「我們被觀察得越仔細，我們的行爲就越規矩。」唯有讓旁人檢核我們是否正確，我們才能給自己動力，去做更正確的評估。

# 基礎磐石 II

## 適當的人才

現在，你已經握有建立明確方向的利器，或許你急著想立刻啓程。有這種心態的不只你一個。本書上個單元介紹的ＳＳＭＨＣ執行長萊昂修女就承認，她常有這樣的衝動。「我的教養告訴我，如果你不能在一夕之間搞定某樣事情，那……那你就是沒用！」她說。

然而，我們前面提過的俄亥俄州費雪商學院的研究言之鑿鑿：在採取行動「之前」努力讓人才和目標臻於配稱的經理人，成功的機率會多上一倍。換言之，只要爲你的目標找到適當的人才，落實執行的可能性會增加百分之百。「永遠要針對結果來做資源的配合，」這是軍事策略專家爲避免任務失敗所制定的關鍵步驟。

你會從下面三章學到，如何針對你要的結果來做人力的配合。你會讀到若干新的方略，告訴你如何爲團隊找到適當的成員，如何確保人人腳步齊整如一。最後，我們要挑戰傳統智慧，思索到底落實執行需要哪些條件，而你又該如何發掘適當的人選，爲推動的計畫擔綱負責。

# 4

# 聘僱正確的人才

## 態度優於經驗

企業無法成長，往往是因為管理者
不知如何為團隊延攬適當的人才。
如果你從事的行業瞬息萬變、
你的員工有必要隨時接納新觀念，
或是你以某人過去的經驗選了他進來，
卻發現那人和你的團隊或文化格格不入，
這時你就得利用另一個準則選才，
而不能以過去的表現作為標準。
不少成功的領導者和經理人都認為，
以正確的態度做為選才的標準
要比雇用有經驗者效果好得多。

你是如何決定什麼樣的人適合進入你的團隊呢？如果你去問一般的人力資源主管，你很可能會發現，對方對人才的徵選常常是依據一個心照不宣的假設前提：候選人的經驗越符合職掌明細越好。在受過人力資源訓練的人的思惟中，選擇員工就像替一個鎖孔找鑰匙，只要完全吻合，那扇最佳績效之門就會應聲而開。對他們來說，只要拿著候選人的履歷和該職務所需的知識、能力、技術交相比對，你就會找到完全吻合的人。

換句話說，要決定什麼樣的人適合你的團隊，人力資源方面的傳統智慧會要你去找一個已經做過這種事的候選人。而這個傳統智慧還有下文：如果你找不到一個完全吻合的，也該儘量找個經驗相符的人。

看經驗選才照理說也能夠配合你的執行規畫，只要在這樣的狀況下：

- 你從事的行業今天和昨天幾乎沒有不同。
- 環境雖有變動，但你並沒有隨之改變的必要。
- 你可以依賴其他公司，先把那些工作表現有嚴重瑕疵（例如在壓力下做出不當決策、事情一旦不符預期計畫就把責任往外推）的候選人淘汰掉，所以他們根本走不進你的大門。

話說回來，如果你從事的行業瞬息萬變、你的員工有必要隨時接納新觀念，或是你以某人過去的經驗選了他進來，卻發現那人和你的團隊或文化格格不入，這時你就得利用另一個準則選才，而不能以過去的表現作爲標準。不少成功的領導者和經理人都認爲，以正確的態度做爲選才的標準要比雇用有經驗者效果好得多，本章中你會看到許多這樣的實例。

我會在這一章告訴你，什麼時候正確的態度會優於豐富的經驗。

你還會知道如何判定什麼樣的態度適合你的團隊和目標，而你又該如何淘蕪存菁，找到一個最配稱的人選。

## 選態度還是選經驗？

對全美數百萬名企業主管來說，聯邦政府新頒布的產品和勞務稅制看來會是一場惡夢——不僅表格格式令人一頭霧水，塡寫程序也是複雜無比。國稅局長因此承諾企業界，要設置一條免費電話專線，爲需要協助的企業主管和部屬解惑。

政府指派了某個部門負責，約翰就是該部門的主管，主掌這項新服務的人事布署和管理。上面給了他一筆預算、一個辦公室和一份備忘錄——這份備忘錄是國稅局人力資源部擬定的，上面羅列了幾項適當的資歷，作爲他篩選申請人之用。

可是，這份工作除了必須面對新計畫的壓力，還要能夠應對眾多怒氣沖天的來電者，約翰不認爲光憑兩年會計學的學歷或是三年的稅務經驗就保證找得到適當的人選。直覺告訴他，良好的態度更重要。他因此無視於這份準則，自行做了幾十次不落俗套的面試——問的問題都是針對申請人的態度而發。他的重點不是找個對塡具稅賦表格有豐富經驗的人，而是一個願意也能夠發揮創意、在壓力之下依然冷靜沉著的人。

其他的部門主管卻認爲，約翰正在做一項非常危險的生涯決定。他們勸他，當公務員就該照章行事，對高層的建言言聽計從。這樣即使事情出了差錯，你還可以全身而退。

約翰沒理會他們的警告。他錄用了一批雜牌軍，這些人比較欠缺「正式」經驗，可是認眞負責的態度和解決問題的能力都比其他的申請者高明。

報稅期限即將截止，第一波的電話潮洶湧而至。

約翰這些手下被問得瞠目結舌，因爲很多關鍵問題他們在資料庫裡找不到正確答案。約翰發現，要讓他的屬下上線找出所需的資料得花更多的時間，可是這樣的延宕勢必會讓那些他們本來打算協助的企業人士更氣得跳腳。他的決心開始動搖。「說不定其他部門的主管說得對，」約翰對自己說。

「這個服務專線說不定會成爲一個雙輸的局面。」

可是，當他看到這些雇員的主動負責，他的疑慮很快就煙消雲散。「我打電話過來問了個問題，可是沒有人能告訴我答案，」一個言詞粗魯的企業主管直接打電話給約翰，劈頭就說。「結果你們的人下班回家後，從網路上找到資料，隔天主動打電話給我，說了個明明白白。『你們到底是什麼人？』」

那群雇員一肩把塡補資料庫漏洞的責任扛下來，讓這位「顧客」知道，他找對了人處理事情。這樣的情況一再發生。約翰手下這批人態度溫柔得有如講床邊故事一般，套約翰自己的話說：「打電話來的人都不敢相信，他們是在和聯邦國稅局的公務員講電話。」

納稅人服務專線獲得了巨大的成功。雖然這套稅制依然不受歡迎，不過立法委員紛紛打電話給國稅局首長道恭喜。約翰成了機構的英雄。

之後的一年間，約翰經常受邀去其他的官方和民營單位演講，分享他以態度置於經驗之先的選才經驗。現在他最大的煩惱是：如何阻擋那些當初心懷質疑的部門主管，以免他們從他身旁偷走那批「缺乏經驗」的雇員。

## 如何確定你需要什麼人才？

約翰憑直覺知道，如果他徵選正確的態度而非豐富的經驗，這條納稅人專線的效果會更好。他的直覺和微軟、西南航空和哈佛大學的管理層峰所見略同——微軟用人的條件是聰敏優於經驗；西南航空專門找品行佳、有團隊精神的人；哈佛大學的新校長指示各學院院長，要以前景是否看好來決定哪些教授能拿到永久聘書，而非過往的成就。

這裡提供你一份短短的清單，有助於你評估正確的態度對於貴公司的執行面有多重要。在聘僱過程中請逐項考慮，你該對態度還是經驗多給一些比重。

(1)**這份工作需要解決各種疑難雜症嗎**？公司規章和實際狀況之間很可能會有重大的落差，你這些未來的同僚是否有能力填補之間的鴻溝？你的顧客會不會希望你解決某些特殊問題，或是常要你針對他們的需求調整貴公司標準的服務內容？你的公司是否希望員工參與不間斷的品質改善計畫？對於這份工作，在直覺衝動、邏輯分析和務實評估三者當中取得平衡有多重要？你需要一個饒具創意的解套高手嗎？依據你的需求幅度圈選等級。

**遵循作業手冊即可** 1 2 3 4 5 6 7 **需要有創意的解決對策**

(2)**你的部屬會不會有很高的自主權**？貴公司員工受監督的程度如何？有人會給他們清楚的指示，還是你會期望他們自行去找解答？你需要他們自動自發嗎？依據你的需求幅度圈選等級。

**工作環境結構分明** 1 2 3 4 5 6 7 **凡事都得靠自己**

(3)**你這位同僚必須善於面對挫折和不確定的情境嗎**？你的工作環境是否詭譎多變？你們的員工是不是經常得處理令人不快的事情？工作上是否有很多的劍

拔弩張，例如預算已經拍板定案而總部目標卻有了更動？這份工作常有一些令人失望和氣憤的情事發生，而且都是他人所致而你無從掌控。你認爲這個新人應付得來嗎？你需要一個冷靜理智、善於應對的人嗎？依據你的需求幅度圈選等級。

**抗壓性一般就好** 1 2 3 4 5 6 7 **個性必須異常成熟**

**(4)他們是否必須從工作中學習，不能光是依賴進來時既有的技能和經驗**？你這一行的競爭環境有多激烈？過去這幾年發生過多少令人意想不到的變化？你指望這人日後能擔負新的職責並且隨之成長嗎？這人需要不斷學習、時時調適自己嗎？依據你的需求幅度圈選等級。

**一成不變的例行工作** 1 2 3 4 5 6 7 **變化多端的環境**

**(5)團隊精神有多重要**？你的部屬需要與他人協調合作嗎？他們必須自行化解彼此之間的衝突嗎？要把工作做好，這些人必須仰賴非屬你管轄的他人嗎？他必須隨和樂群、廣結善緣嗎？依據你的需求幅度圈選等級。

個人績效表現　1　2　3　4　5　6　7　百分百的團隊合作

(6)你是否曾有留不住人才的無奈，只因為他們「無法適應」？貴企業的文化是不是頗爲僵化？你是否有個「地雷按鈕」，一碰就會起爆？你的老闆有嗎？你的同事是否排擠過什麼人，逼著別人不得不走路？個人魅力在這裡有多重要？

組織會調適　1　2　3　4　5　6　7　個人必須適應組織文化

一般而言，你替這些項目（化解問題能力、自主能力、學習能力、人際關係技巧、團隊合作等）打的分數越高，你就越有必要找個具備良好態度的人選。而如果你認爲良好的態度對於貴公司的政策執行舉足輕重，那麼哪些才算是良好的態度？

## 這是正確的態度嗎？

要是美國線上當初沒有學會將態度考量置於經驗之先，它不可能變得如此成功。

一九九七年，美國線上剛跨過千萬用戶的門檻。一項意味著每年數十億獲利的新興營收來源，出現在公司的大門口。一家新入行的長途電訊業者 Tele-Save 的高階主管拿著一張五千萬美元的支票親自登上門來，希望美國線上把它網際網路上的第一樁重大贊助交易（入口網站）賣給他。

其他公司接踵而至，紛紛表達興趣。新創公司有之，老字號有之，個個伸出鼻子打探行銷合作和廣告的可能。美國線上的高階主管知道，他們必須招攬更多的廣告業務員和「商務專家」（美國線上對這些人的暱稱），來管理這項獲利豐厚的新業務。

互動行銷部門的資深副總於是開始招兵買馬，他們聯絡人力仲介，也自行刊登廣告。「本公司徵求熟諳網際網路同時在消費產品或汽車業中有十年行銷或業務經驗者，」廣告這麼寫。想當然爾，人力資源部門和第一線經理人篩選進來的都是具備十年這等經驗的人。

不幸的是，很多新進對於促銷或推銷交易都不是很在行。美國線上組織效能處室的幾個人力資源主管於是後退一步，細心檢視。他們把研究重點放在公司最好的交易高手身上，將這些人的技巧和那些表現差勁的人相互比較。

分析結果出爐，他們發現交易高手和表現平庸者之間的分野並不在於經驗高低。事實上，他們驚訝地發現，那十年的經驗反而是「不良」績效的精準指標。

無論是賣廣告或行銷，美國線上那些頂尖高手都有五個共同特質，而且這些特質與他們從事行銷多少年毫無關係：

●**靈敏的學習能力**。這些績效高手不但領悟力強，而且身段靈活，在很短的時間內就能見風轉舵。

●**善於應付渾沌不明**。在壓力大、變化快的工作環境下，依然一派從容、毫無焦慮之態，是績效高手的另一個特色。即使手上掌握的資料不足，這些最佳交易員依然會胸有成竹地做出決策，不會因爲情境不明朗而心煩意躁。

●**對他人深具影響力**（尤其在說明會上）。最佳交易員有豐富的自我動力，對於說服別人、得到認同、做成交易，他們有著滿腔的熱望。他們也善於即席發言，能夠將自己的想法迅速而精準地表達出來，非常具有說服力。

●**在無人監督下認真工作**。美國線上屬於一種自由開放的文化。能夠自我鞭策的人在缺乏嚴密監督下依然會把事情做得妥妥當當，績效表現要比需要監督的人來得好。

●**廣結善緣的人際技巧**。在美國線上，要把工作做好需要多方的合作。業務和行銷同仁往往得從其他部門取得必要的資料，而那些部門的主管個個不同。這不但需要高明的社交技巧（一如贏取他人支持的技巧），還要有被拒多次之後依然鍥而不捨的能耐。

美國線上組織效能暨人事部署組的組長麥可・迪瑞克（Michael Drake）拿到這份清單後就以它作爲徵聘新人的篩選準則，開始替各單位的經理人尋找符合這五種行爲特質的人選。他爲理想候選人的特徵勾勒出輪廓，並且擬定了若干有助於了解申請者態度的題目。

結果一鳴驚人。美國線上入口網站的交易量扶搖直上，營業額很快就衝破了十億美元大關。二〇〇〇年第一季，美國線上這些新進的交易員預約到七億兩千七百萬的驚人銷售，創造了二十四億後勁十足的厚利。（美國線上之所以炙手可熱，「獲利空間無限」的遠景是主要原因之一，因此能夠吸引時代華納登門，完成了全球最大的媒體併購案。）

「這些新血輪是我們雇用過的最佳人才，」一位副總告訴迪瑞克。「他們甚至讓我們領悟到，曾經被我們視爲巨星的人其實根本不是！」

找出職務上舉足輕重的個人特質，爲員工建立特徵檔案，將頂尖人才和庸才區分出來並且針對績效高手的特質做分析，在在都得花時間，可是美國線上願意這樣做。之後它更利用這些新的準則篩選人才，找到了態度良好、可望在組織中獲致最大成功的新人。

無論是大企業或小公司，任何管理者都可以利用這個通用的公式。唯一的條件是：你得願意拋卻「經驗最重要」這種先入爲主的假設，也願意深究哪些特質對你的企業或部門舉足輕重。

## 更重視心理層面

莎拉・布里姬（Sarah Bridges）是個心理醫生，也是主管級人物的訓練師，專精於組織效能。她的執業內容是評估各種職務和人才，以確保這兩者之間有良好的配稱。布里姬完全同意約翰（納稅人服務專線）和迪瑞克的結論。「我就不贊成以經驗取捨人才，」她心有戚戚地說。

「光看履歷表之類的東西很少會奏效。選用人才的時候，重要的是區分哪些東西可以學習，哪些東西不會輕易改變，」布里姬解釋。「人到了二十五歲，性格多半已經底定。比起技能和專業知識來，待人接物的態度和風格要難改變得多。」

因此，布里姬認爲管理者必須對求職者和他們的個人魅力有更多的認識，布里姬稱之爲「更重視心理層面」。所謂更重視心理層面，意思是你必須學習一個能夠了解他人個性的架構，並且將這個架構和最契合貴企業目標的行爲連結在一起。

## 人類個性的五大特質

一百多年來，心理學者爲了預測人類的行爲，針對人的個性做了諸多研究，也提出過林林總總的模式。過去十年間出現了一個廣爲大眾所接受的模式，叫做「五大」（Big Five）。

這「五大」人類特質是：

### (1)認真盡責

認眞盡責是一個人傾向於負責、細心、條理、堅毅、勤勉的性格面。性格上欠缺認眞盡責的人很容易心有旁騖或做出不協調、不可靠、不負責、易衝動的行爲。即使是小事，認眞盡責的人也會竭盡心力（極端者會變成偏執狂，不斷質問也不斷要求條理分明）。在這個性格面得高分的人做事講究方法，喜歡超越期望，深具責任感。然而，過於認眞負責的人機動性不強，沒有玩世不恭人來得有魅力。

### (2)開明開放

意指一個人胸襟開闊、好奇心重、有見解、有創意。而極爲保守、只會模仿、過於謹愼的行爲表示這人不開明不開放。在這項特質上得高分的人往往富於想像力和創造力，願意廣伸觸角，多方吸收文化和成長的經驗。他們會主動尋求改變，對於「東西沒壞就別管」的格言完全不能理解。這一項得低分的人比較腳踏實地、實事求是，他們對於新事物興趣缺缺，常會重複過去的行爲，喜歡處理例行事務。

### (3)與人為善

一個人個性寬諒、仁慈、有禮貌、願意支持別人，就是與人爲善。而動輒猜疑、防衛心重、自我中心、冥頑不靈、對人對事漠不關心，則是與人爲善的強烈對比。高度與人爲善的人很容易信賴別人，比較謙虛也樂意合作。低分者比較不以團隊爲重，也比較缺乏同情心、愛挑釁。

### (4)外向開朗

「外向」這個詞彙是由心理大師榮格首創，用以解釋一種外傾、樂群、愛社交、愛說話、企圖心強、喜歡刺激的性向。而沉默寡言的人，也就是害羞、內斂、含蓄或孤高的人，通常比較內傾。外傾個性和滔滔不絕或自我動力常是焦不離孟——這種人喜歡說服他人，也很能取信於人。內傾性格則常與孤僻的興趣、愛反思內省、內心分析等特質連在一起。

**(5)情緒穩定**

情緒穩定的人比較按部就班、中規中矩、沉著冷靜、安穩持重、理性而樂觀，而情緒不穩的人則易於焦躁、發怒、缺乏安全感、防禦心強、緊張兮兮，常懷憂傷度日。這個特質得低分的人容易衝動，動不動就懷憂喪志，遇到挫折會怪罪外在因素；高分者比較輕鬆自在、對人包容、抗壓性強，善於處理挫折。

## 五大特質和求才過程的連結

布里姬認爲，求職者和組織之間是否有良好的配稱要看很多變數而定，例如管理者的目標、公司的文化、顧客屬性、所屬的團隊、你的老闆、還有「你自己」。經理人必須對工作的現實有正確的評估，才能確定哪一種人在這樣的情境下能夠茁壯成長。

請你自問：

你會要求這人展現出什麼樣的行爲？這人必須具備多少化解問題的能力、多少程度的獨立自主、學習能力和人際技巧等等？

哪一種人能夠勝任？哪一種人力有不逮？（利用「五大」，替每個候選人打個分數）。

如果拿「五大」替我自己打分數，我的得分是多少？其他人對我的評分又是多少？我替我的老闆打幾分？公司文化呢？這家公司對於外向開朗的同仁是否鼓勵有加？與人為善型的呢？這家企業對於創意型人才（開放開明得高分者）或是常常需要伸手壓制的莽夫型同仁（情緒穩定得低分者）是否覺得芒刺在背？

譬如，認眞盡責有多重要？再看一遍美國線上列出的人才特質，你會發現那些績效高手是不是認眞盡責並不重要。這是有道理的。美國線上要的人才必須能夠快速掌握對入口網站交易有興趣的潛在客戶——快速到沒有徹底理解哪些東西眞正有效，哪些純粹是浪費客戶的錢。這個現象在廣告銷售界屢見不鮮。如果你管理的團隊篤信這句古老俗諺：「不打破幾顆蛋，就做不成蛋捲，」你不會想找個高度認眞盡責的人，以免他在成交之前躊躇再三。（你或許會說，美國線上就是因為忽略了認眞盡責和穩定情緒的重要性，所以後來深陷泥沼，這個我們稍後討論。）

現在，回到本章開頭的那些問題。化解困難、獨立自主、靈活應變、與人為善、成熟度高、自我動力、明快決斷，這種種能力對於你政策的落實執行來說有多重要呢？試試看，將這些行為和五大特質連連看。現在，你可以準備將你所需的人才特質和行為勾勒出輪廓了。

舉例來說：

## 我需要的人才特質（請評定等級，最高等級為6，最低為1）

**解套能力**（化解困難的能力）——能夠衝破侷限、運用創意，面對各種挑戰時看得到許多雙贏的做法。

1　2　3　4　5　6

可能需要的特質：開明開放、情緒穩定、認眞盡責。

**同理心**（仁慈待人）——能夠預期到別人的感覺、想法和行動，並且運用這份理解去幫助或引導他人。

1　2　3　4　5　6

可能需要的特質：高度的與人為善、開明開放、情緒穩定。

**遵守承諾**（成熟的個性）——願意承擔令人不快或難以應付的職責，盡力符合他人的期望，願意走出自己的安樂窩去冒險犯難。

1　2　3　4　5　6

可能需要的特質：認眞盡責、情緒穩定。

**敢於表達**（自我驅動力強）——在競爭情境下能堅持自己立場，時限處理得宜，一旦在位則勇於任事、盡力表現。

1　2　3　4　5　6

可能需要的特質：外向開朗（要注意不要過度與人爲善）。

**能屈能伸**（調適能力）——具備足夠的自我肯定，因此不懼變革；能夠看到事情全貌，實事求是。

1　2　3　4　5　6

可能需要的特質：情緒穩定、開明開放。

**自我動力**（自動自發）——能夠在無監督的情況下完成任務、認眞工作，善用個人的判斷力來排定輕重緩急。

1　2　3　4　5　6

可能需要的特質：外向開朗、認眞盡責。

## 運用五大架構應注意的事項

專家學者鑄造了無數的名詞和語彙來形容人類個性的各種元素，只怕列也列不完。對於每一位專家，有人信服有加，有人嗤之以鼻。所以，如果你是某個性格測驗的推倡者（或是其他招牌響亮的品牌使用者），請不要驟下結論，認定「五大」是讓你變得更重視心理層面的唯一途徑。我之所以使用「五大」，純粹是因爲它在分辨個性特質方面是個最受推崇的工具，而且管理者很容易將它和商業行爲做個連結。

不過，無論你是用「五大」還是其他理論架構尋求更多理解，請記住下面幾個原則：

● **不要走偏鋒**。不要替人貼上這樣或那樣的標籤；無論什麼樣的特質，都應該被視爲是連續譜的一部分。每個人身上都具備所有這些特質，只是程度因人而異。如果你用同一個量尺（例如量表等級從一到七）去評斷他人，你會發現大部分的人多半集中在中間，很少落在左右兩端。

● **不要認為事情非黑即白**。任何特質都有好的一面，也都有不好的一面。例如，認眞盡責的人或許機動性不夠，想像力豐富的人可能對事情很快就厭倦，自給自足的人往往和團隊環境格格不入，很多個性溫暖、與人爲善的人在需要強硬之際束手無策。即使情緒穩定也有不好的一面；很多時候衝勁源自於不安全感，深具生產力的衝刺可能是毫無生產力的憤怒的副產品。不要忘記人的所有個性都有陰陽兩面。盡量不用非黑即白的簡單邏輯去思考。

●**請記住，你只是變得比較注重心理層面，不是成為心理學家**。組織心理學者哈瑞・李文森（Harry Levinson）說：「管理者不一定要是心理學家，就像救生員不一定要是醫生一樣。」不要拿「五大」或其他任何架構去分析你週遭的每一個人；你若是需要專業的心理分析，去聘個專家來。本章的目的只是讓你成為一個視野更寬廣的觀察者，這樣你才能幫助他人，成為一個更好的決策者。

●**對於渾沌不明要有心理準備**。利用特質分析來預測行為，這是任何管理者都做得到的，可是管理者一定要具備一種能力：能夠因應不明朗的情境。懂得如何將特質和行為連結起來是一種軟性學問，沒有斬釘截鐵的答案可循。要找出你的團隊成員需要哪些特質，唯一的方法便是教育你自己，運用你的知識和直覺做出決定、嘗試錯誤，然後從中記取教訓。

以態度作為聘僱標準是新的風潮。一如哈佛商學院名教授李維（Theodore Levitt）的建言：要因應新的事物，唯一的方法就是大量吸收資訊、正確思考；天下沒有簡單的公式，也沒有千奇百怪的教科書定律可以依循。

●**一定要做正確的思考**。請遵照「評估更精準」章節提到的三個紀律：將想法用白紙黑字寫下來；不看表面，深入內裡；打開心胸，請家人、朋友、上司、同事、下屬對你的結論給予意見回饋。找一群有相同心態的人討論心理層面的問題。布里姬博士認為，意見回饋極為重要。「很多管理者幾乎得不到正確的意見回饋，」她說。「所以這些領導者總有一大堆致命傷。」

**●不吝投入時間**。布里姬知道，變得更注重心理層面需要時間。不過，這是值得的。「專業技術良好的經理人一毛錢可以買一打，對於各種個性瞭若指掌又能靈活應用的人卻是萬中選一。」布里姬認爲，這個因素就是管理者成功與失敗的分野所在。

## 選才面試的竅門

企業無法成長，往往是因爲不知如何爲團隊延攬適當的人才。而管理者無法找出適當的人才，是因爲他們往往指望某些心理檢核表給他們足夠的洞見去篩選求職者，自己卻不去培養高明的面談技巧。「勝任的面試官可以探測出求職者完整的面貌，遠比任何所謂的個性資料庫有用，」李文森教授寫道。下面是幾個選才面試的竅門，有助於你根據求職者過去的行爲發掘他們的個性特質。

**●面試要預先做規畫**。太多主管喜歡即興發揮，或是一個鐘頭的面談只花幾分鐘隨便想想就上場主試。「要準備」。細看求職者的申請表或履歷表，找出一些可以討論並且揭露對方個性特質的經歷來。例如，如果你想評估對方是否具備靈活的學習能力，布里姬博士建議，你就在對方的工作史中，找出他們什麼時候曾經焦頭爛額、什麼時候曾經負責一樁重大專案或者進入一個不熟悉的環境。「你可以問：『哪些事情和你預期的一樣？哪些事情讓你大出意外？你犯過什麼錯？學到什麼教訓？』」布里姬博士說。「有些人什麼想法也沒有，有些人只會給你空洞的回答。具有高度學習意願的人則會深入思索，然後回答你：『我學到了什麼什麼，後來我又如何如何應用出來。』列出你所需的特質和問題，很可能有助於凸顯你所尋找的行爲。」

●**引對方放言暢談**。很多面試官爲了了解求職者的種種，自己說了太多的話。這一方面是因爲這位主管沒有準備，另一方面也是因爲很多經理人不懂得如何讓人敞開心胸，開口暢言。你應該讓他們忘記這是求職面談，引他們大膽放言，百無禁忌。最容易的方法是請對方談談自己，而十之八九，對方會問：「我要從哪裡談起？」你就告訴他：「從你的出生（地點，不要日期）談起。」我們就從那裡開始。如此僵局很快就能打破，接著你就開始駕馭討論，將話題導引到對方的背景和早期的重要經歷上。不要太正經八百，就像跟同事聊天一樣。運用你天生的好奇心，聽到重要的地方就問：「你從中學到什麼？你可曾後悔錯過什麼樣的經驗嗎？你有沒有想過，你希望擁有哪些技巧或是渴望對什麼東西有更深入的鑽研？」請培養能讓對方放言暢談的能力。

●**不要問他們想什麼，要問他們做了什麼**。討論工作經歷之際，請要求對方舉出眞實情境中的明確實例，不要談假設性的情境。不要問：「面對火冒三丈的客戶，你要如何處理？」要問：「你曾經遇過怒氣沖天的顧客嗎？請舉個例子，讓我知道你是如何處理的。」這些故事可以讓你看出端倪——他們是否善於處理挑釁行爲、是否以化解問題高手自居、個性是否隨和、是否有創意、處事是否公平，而爲了把工作做好，又願意付出多少心力。

有些和過往經驗相關的好問題也可以突顯他們的個性：

⑴你最喜歡哪一位上司？他好在哪裡？他做過什麼事讓你那麼敬佩？請舉例。

⑵什麼樣的事情會讓你激動？有人曾經讓你非常激動過嗎？請舉例。

⑶你在工作上若是做出最佳表現，是出於什麼因素嗎？請以你過去的經驗舉例說明。

**●小心別被耍弄**。每個人都上過當。求職者常會投你所好，告訴你愛聽的話和答案，投射出一個並不眞實的影像。這在心理測驗當中稱做「僞善」。面談時要避免這樣的僞善，你最穩當的做法是：

⑴相信你的直覺。將你的雷達開得大大的，就像你馬上要跟兒子女兒的約會對象或室友見面一樣。如果你感覺事情不對勁，說不定這是你的潛意識在傳達有用的訊號。多問些問題，不要找藉口，也不要害羞；照理說你應該看到對方最好的一面，所以任何不好的感覺都是重要的，千萬不要粉飾太平。

⑵徵詢他人的意見。有些女人的雷達比男人更敏銳，也更快。如果你是男的，請對方多等個五分鐘，找一位女同事來和他談，等求職者離開，問你這位同事她第一個印象是什麼。你也可以找別的主管在面試時旁聽，事後請這位主管告訴你他的意見。在此我必須強調：你徵詢的「他人意見」必須是直覺反應，而非精密的分析，這點很重要。

⑶好整以暇慢慢來。這是一位睿智的老實業家的忠告：「幾乎任何人都可以說上三十分鐘非常得體的話。等他們這三十分鐘的魅力枯竭後，再把你的問題重新問一遍。」特別是因

爲如此，爲重要職位徵才時，你必須與合格的候選人至少做三次面談，最後兩次至少要超過一個小時。每次面談後，要把得到的資料記下來，若有地方需要確認或是下回還想知道什麼，也要記在筆記上。

我認識一個主管，和某個人選做了三次面談後依然不能完全放心。她不能確定問題出在自己還是對方身上。第三次面談接近尾聲時，這位經理人問：「你還想知道什麼嗎？」對方立刻問：「我們還要面談幾次？」聲音帶著一絲惱怒。這位腦筋動得很快的主管立刻回答：「三次！」就這樣，對方的防線被突破了。「我沒有這個時間，也沒有這個耐性，」他離開時對她拋下一句。「帥，」她心想。「我剛替自己解決了一個頭痛人物。」

(4)觀察對方如何化解衝突。面試的時候，你很可能會過於和善。一位經理人說：「我會刁難他們。我會故意和求職者唱反調，純粹是爲了看他們如何應付衝突。」好主意。這一招可以讓對方的個性呼之欲出，有助於你回答若干重要問題：這人在爲自己的觀點辯護之際，是不是還能保持風度？他們是不是很快就屈服於壓力之下？在繼續爭辯之前，他們會不會先問一些問題以了解衝突的癥結所在？在面談時製造一些緊繃，不要總是和顏悅色，可以讓你對求職者增加許多了解。

(5)雇用之後，依然要繼續評估。很多經理人往往太早就中止評估員工的態度。美國大多數的州政府都有九十天試用期的規定，讓企業有改變心意的餘地。布里姬博士認爲，你應該好好利用這個優勢。她說，當主管的很容易在這三個月的試用期內爲新手找藉口，你常會這樣說服自己：「那人需要一段時間適應。」「那人來自一個截然不同的工作文化。」「這工作做來不容易，我還沒給他足夠的時間調適。」「我不喜歡用嚴苛的標準評斷別人。」

布里姬博士說：「在九十天的試用期間，新手會充滿浪漫憧憬，這是一段『把最好的一面表現出來』的蜜月期，」布里姬說。「而如果這人連三個月都無法有中規中矩的表現，我對這段婚姻不會抱太大的希望。」

這人有沒有把事情做好，你顯然看得到。即使你心存最輕微的質疑，也要摘下樂觀的眼鏡，說：「喂，沒有任何理由。」有足夠的警覺在前三個月內做出正確評估的組織有如鳳毛麟角，然而爲你的目標找到適當的人才，這是極爲關鍵的一步。

我們不妨拿冰山做個比喻。不管你在最初的三個月內看到什麼，它都只是冰山的一角——底下還有許許多多你沒看到的東西。新手若是在這段期間發出任何負面訊號，你都必須加以測試。在對方變成組織的永久資產之前，你得確定自己滿意才行。

## 後記

現在，美國線上悲慘的傳奇故事已是人盡皆知。它曾在完全不看好的情境下異軍突起，成就了網際網路經濟最成功的一頁故事，和世上最大的媒體集團之一合併成功。二〇〇三年，它的光環褪色，二〇〇四年，「時代華納美國線上」這個名稱縮減了四個字，又變回

「時代華納」。該集團的再評估結果之所以徹底反轉，原因之一是美國線上入口網站的交易營收一落千丈，跌幅令人驚駭。從二〇〇〇年第一季高達七億兩千一百萬美元的線上廣告，短短三年間，美國線上的營收陡降了六成九。

《華爾街日報》的安迪・凱斯勒（Andy Kessler）在他的專欄文章〈美國線上時代華納的沉船事件〉中結論道：「美國線上是一棟紙牌做的房子，只能依附廣告〔營收〕而立。」當這些營收戛然而止，那些大老闆自然驚慌失措。

美國線上從雲端掉落地面的戲劇化轉折有許多原因，可是對那些以態度作為聘僱標準的主管來說，有個原因尤其重要。誠如麥可・迪瑞克的解釋：

> 我們雇用的是業已證明是交易高手的特質，卻忽略了這些清一色A型人格者的缺點。他們的推銷技巧高明，說什麼別人都會相信，而他們也確實說得天花亂墜。只是有時候他們對於細節實在太過掉以輕心。其中有個人「忘了」我們一小時內最多可以提供的廣告曝光量，結果對一個大客戶承諾了四倍的數字！

迪瑞克說，當客戶打電話來抱怨這些業務時，還會聽到他們傲慢地對客戶罵粗口。這些A型人格者確實外向開朗、開明開放（不過與人為善的程度稍低），而美國線上並沒有用其他特質來平衡這樣的團隊。他們在認眞盡責和情緒穩定這兩項的得分都太低了，否則前者可避免無法做到的過度承諾，後者可以按捺住謾罵客戶的衝動。

美國線上所犯的錯誤是完全可以理解的。該公司在對這些頂尖交易高手進行評估之際，正是入口網站交易初初問世，業務成長曲線昂揚直上的時候。這些績效明星在「找客戶」方面遊刃有餘，可是認眞盡責和情緒穩定卻付之闕如，因此無法留住客戶，也無法讓客戶繼續增長。那時候，留住客戶和增長客戶並不是美國線上的焦點目標。直到該公司的成長驟然停頓之後，他們才發現留住客戶有多重要。

而它更大的錯誤是：美國線上的基層經理人眼見許多超級大客戶對入口網站交易和公司的態度並不滿意，而當他們反應給層峰，那些大頭卻沒有聽進耳裡。甚至在客戶的流失明顯浮出檯面之際，美國線上依然沒有對它的聘僱準則重做檢視。

誰知道呢？如果美國線上對它的聘僱準則重新評估過，說不定這個家喻戶曉的名號至今依然會掛在時代華納名下。顯而易見的是，那些高階主管對於變化迅速的時勢並沒有一個正確的態度。

# 5
# 配合個人的生涯藍圖

## 個人目標和組織目標是息息相關的

社會學者艾爾菲・康恩說過：
「直到今天，不曾有嚴謹的科學研究發現，
工作品質會因為任何獎勵機制而得到長期的強化。」
充其量，它們只有短期的效果。
「獎勵機制不能為任何價值觀或運動
創造出持久的使命感。」
換句話說，就激勵下屬落實執行而言，
「這樣做，你就會得到那樣」的公式
其實無濟於事。

四十多年來，企業經理人一直聽到這樣的建言：只要遵行「你這樣做就會得到那樣」的簡單公式，你的下屬就會貫徹始終，執行到底。

在激勵和引導員工方面，這是世界上最熱門的處方箋，而且它有科學理論做後盾。行爲學者史金納（B. F. Skinner）告訴大家，你可以訓練鴿子和老鼠一想吃東西就搖鈴鐺，讓它成爲一種制約。他相信人類行爲也和實驗室的動物頗相類似，諸多經理人因此認定，只要讓下屬也養成制約行爲（希冀某種報酬而如願以償），執行就更能落實。

在今天，約有四分之三的大型企業爲了讓下屬達成組織的期望，紛紛利用擇股權、佣金、紅利、異地旅遊等來取代史金納的食物盤。

然而，這些組織的期望有一半（甚或更多）都落了空。管理層峰面對這樣的事實，多半會以爲事情之所以沒做成，是因爲報酬沒有弄對。他們於是進行微調，希望目標、待遇和成果三者能夠混融在一起。而如果第一次調整不見效，這些管理者還會回頭繼續調整。

這樣的胡亂湊合、不斷調整，是個永無止境的失敗循環。不過，有個新上任的高階主管（姑且稱之爲南茜）卻是退後一步走出循環，改選了一條少有人走過的蹊徑。當她規畫的部門改造計畫受到阻滯，她停下腳步，自問原因何在。她一層層抽絲剝繭，深究她的團隊無法貫徹執行的原因，發現這正是社會學者艾爾菲．康恩（Alfie Kohn）多年來試圖傳遞給管理界的訊息——這位學者早就說過：「直到今天，不曾有嚴謹的科學研究發現，工作品質會因爲任何獎勵機制而得到長期的強化。」充其量，它們只有短期的效果。「獎勵機制不能爲任何價值觀或運動創造出持久的使命感。」換句話說，就激勵下屬落實執行而言，「這樣做，你就會得到那樣」的公式其實無濟於事。

「我自己之所以貫徹執行政策，就不是基於紅利的動機，」南茜悟道。她孜孜投入工作，動力其實來自於她的體認：她的個人目標、事業目標和組織目標之間是息息相關的。

這個體悟令南茜豁然開朗。她因此做出推論：如果她每個屬下的個人目標和部門目標都有類似的配稱，或許他們也會得到同樣的動力，願意落實執行。

對這位有膽識的管理者來說，這帖配合每個人生涯藍圖的藥方確實很有效。不到一年，南茜主掌的部門已從長年的績效不振做到了堪稱逆轉的目標，而且持續至今。

這就是本章節所闡釋的主題：如何讓團隊成員的生涯藍圖和你的企業規畫相結合，而要讓屬下的個人目標和事業目標步伐一致，你又可以採取什麼樣的行動。

## 「豁然開朗」的一刻

「在我們老闆眼裡，我接手的是一個輸定了的戰局，」剛升上副總裁的南茜回憶當初。「這個部門的營收和利潤已經連續三年下滑，而和我們生產同樣產品的競爭廠家也是個個步履蹣跚。公司的高階主管都認爲我應該想辦法縮減部門未來一年的財務支出，讓大家不再期望那麼高就好。」

可是這是南茜升任副總之後的第一個重大任務，她很想讓她那些老闆知道，她的本事不只是把一個搖搖欲墜的企業單位扶住不倒而已——她有能力扭轉乾坤。

這位新任副總一頭栽了進去。她對這個產品線做了個鉅細靡遺的檢視，包括所有的機會和挑戰，發現有好幾處有很大的改善空間。她的靈感源源而生，想出了好幾個掌握契機的新點子，接著去找她的直屬上司，說動他釋出一些資源。最後，南茜將她的重振部門計畫溝通給整個團隊，然後就捲起袖子，開始行動。

可是，經過六個月的努力，改變微乎其微。

「爲什麼呢？」她問自己。「我並沒有過度樂觀，」她想。「潛力明明就在那裡，計畫也正確無誤。可是我這些屬下就是衝勁不足，缺乏執行的動力。我不懂。」

於是，她又問了自己四個爲什麼。

**「我的屬下為什麼缺乏動力？」**

「部門必須轉圜成功，我們才有紅利可拿，」她心想。「如果這個不先搞定，沒有人會有更好的前途。所以，依照『這樣做，你就會得到那樣』的公式，照理說每個人都有正確的誘因和結果才對。可是，他們就是不像我那樣積極投入。」

**「他們為什麼不能積極投入？」**

南茜就想，是什麼東西讓她自己如此投入。不是紅利。南茜的薪酬條件確實可觀，她只要縮減部門的財務支出、降低大家的期望，輕輕鬆鬆就可以拿到同樣的待遇。事實上，以她目前進行的更具企圖心的轉圜目標來看，她拿到那筆高額紅利的機率甚且還降低了。她因此領悟，激勵她如此努力的並不是紅利，而是一些非實質的東西——

- 這是個大好機會，能讓提攜她的人對她刮目相看。換句話說，只要轉圜成功，她更上層樓的可能性也會水漲船高。
- 這也是證明自己能力的大好機會。她要證明給自己看，她不但清楚自己要做的事，而且即使商業環境充滿挑戰，她也有能力做到。
- 這是她能讓自己感覺像個眞正領導者的機會。連續兩年，她的團隊都沒有達到預算目標（因此也和紅利及升遷無緣）。南茜想到，如果自己能替下屬賺得更多的錢、爭取到更多機會、讓大家的生活更美好，她會有多麼開心——如果她自許爲眞正的領導者，這不就是定義的一部分？

她非常清楚，爲了讓部門起死回生，她必須願意付出極大的時間和努力。她將這份理解和她的個人目標及事業目標連接起來，有如將點連成線。而南茜之所以全力投入，就是因爲這些點的環環相扣。

**「那為什麼我的同事無法將他們的點連成線？」**

南茜的生涯藍圖和現實揉合得非常自然，沒有靠任何上司的庇蔭。可是她那些同事的個人規畫和現實就沒有那麼契合了，因爲它們並不是自然而然地配在一起。而她一直也沒有拉他們一把，幫他們把這些目標搭在一起。

## 「我何不助他們一臂之力，讓我每個屬下也得到同樣的契合？」

於是，南茜回頭把整個團隊找來，細問每個人的經歷、困難和夢想，還要他們告訴她，對職場和個人人生有些什麼期望。她分析團隊中每個人的優點，逐一將他們目前的技能和達成個人目標所需的條件相比較，找出落差所在。

她接著列出部門轉圜成功所需的條件，和這些部屬的人生規畫做對照。最後，她針對人事和計畫重新布局，把重心放在牽線上——她要讓每個員工的個人生涯規畫、人人前途更光明的團隊遠景和該部門的轉圜目標相連結。

不出六個月，她爲四分之三的部屬牽好了線，讓他們和部門的轉圜計畫連成一氣。又過了半年，所有人的步調已經趨於一致。

部門的行動力一飛沖天。她的團隊將長年積弱不振所累積的爛攤子清除殆盡，慢慢做到了雄心勃勃的轉圜目標。而他們的熱情持續發燒，多年以來，這個單位第一次達到了年度的預算目標。

「一開始，我以爲讓這個單位轉變要靠『我的計畫』，」南茜這麼解釋。「其實不是。夥伴才是關鍵。我得和他們的目標站在同一條線上，他們才會和我同一條心。他們未來的希望其實是繫於部門的轉圜計畫，而我們都看到了兩者之間的關聯。就這樣，我得到了我需要的行動力。」

## 爲什麼配合個人生涯藍圖的藥方會奏效？

回溯到五〇年代。《工作激勵》（*The Motivation to Work*）一書的作者佛瑞德・赫茲伯格（Fred Herzberg）發現，就工作層面而言，令人快樂和不快樂的元素截然不同。這個雙因素理論對傳統智慧不啻是個挑戰。他寫道，能讓員工快樂的因素包括成就、成長、他人的肯定、工作自主性和挑戰性，而導致不快樂的因素則有工作環境、安全感與否、和同儕及上司的關係、公司政策、受老闆監督的程度和「薪酬待遇」。赫氏的研究顯示，一個良好的薪酬制度充其量只能減少員工的不滿足，但不能讓員工受到激勵。

然而，學術界（以及支持薪酬制度的顧問專家們）自一九五九年以來就一直對赫氏的結論持相反意見。他們認爲，賺錢多寡不只會造成工作者對工作場所的不滿意，同時還包括更多意涵。他們強調，待遇對員工的心理滿足影響重大，所得對於一個人的成就感、自主性和成長舉足輕重。他們還指出，經理人需要一種理性的報酬機制，以解決職場上的不平等和可能造成不公平待遇（而使得同儕眼紅不爽）的感情用事。而看工作績效論薪酬，就是最理性的激勵手段。

然而，爭辯薪酬制度在激勵上扮演的角色其實是微枝末節，忽略了赫氏更重要的洞見。他發現，一個人會對許多事物興奮莫名，也會對許多事物感覺不痛不癢，而這兩組事物是不一樣的。每個人對滿足和不滿足的定義各不相同，因此若是列出哪些事情能讓他們快樂，先後次序會因人而異。一個人的認知要看這人的個性、際遇、工作情境和職務期望而定。因此，當主管的若想爲組織單位的計畫和目標選取適當的人才，除了深入了解每位同仁的期望（以及他們願意做出取捨的條件），別無其他選擇。

話說回來，要配合個人的生涯藍圖，經理人倒是不必矯枉過正，排拒用金錢報酬來獎勵部屬。所謂配合所有人的生涯藍圖只是一種認知：拿某個一視同仁的金錢大雜燴來做獎勵，不見得能讓部屬感到快樂。

除非經理人明瞭每位同仁的生涯藍圖，並且設法讓部屬的個人目標和部門目標相結合，否則部屬即使有心執行也難以爲繼，無法貫徹到底。

這是南茜從自己的行動過程中得到的領悟。爲了配合所有人的生涯藍圖，她對每一位成員和部門目標都做了正確的評估。她將部屬的期望和她的計畫整合於一，利用他們本身的動力作爲激勵和引導，情勢果然大爲改觀。

## 如何配合個人的生涯藍圖

只要你懂得設定明確方向的基本原理，那麼要配合同仁的個人生涯藍圖就簡單了——簡單得像數一、二、三。

一、從了解每位團隊成員的個人期望做起。

二、進行現實檢核；你必須做出正確評估，知道要達到他們的生涯期望需要哪些條件，同時要讓整個團隊明瞭，他們若想達到目標必須投注多少心力。

三、將點點滴滴拼成完整的圖案。將每位同仁的期望和組織單位的目標連連看。有些人可能需要重新指派職務，若干目標或許需要重新調整。一位成功做到這一點的經理人說：「不管他們要什麼，我是有求必應，結果果然奏效。」

## 第一步：了解每位團隊成員的個人期望

要知道團隊成員的期望，唯一的方法就是開口問他們。

你可以從對話中獲知許多。有些人會告訴你他們嚮往極高的成就，可是只肯投入極少的時間或心力。有些人也許防衛心重，不願對你推心置腹、誠實作答，這表示他們不信任你。還有一些人會說你是第一個對他們表達這種關切的經理人，接著便言無不盡。無論部屬的反應是什麼，都是令你眼睛一亮的經驗。對談結束後你每每會想，為什麼自己進入職場那麼久，卻不曾要求屬下和你分享過他們的期望。

在踏出這第一步之前，請翻回「期望要清楚」和「字裡行間找線索」兩章，將與老闆斡旋期望的原則複習一遍。

● 重看一遍傾聽的必要事項和禁忌事項。
● 將博取信任這個章節溫習一次。
● 把你的直覺雷達開得大大的，好讓自己從字裡行間找線索。

接著排個時間表，和團隊每位同仁都安排一次會談。要開門見山，一開始就把會談的目的解釋清楚，例如：「我相信你已經注意到，爲了把總公司對我們的期望摸清楚，我花了很多心思。那天我突然想到，我也應該在你們身上花同樣的心思，以了解你們對我的期望。我希望我們花點時間坐下來好好談談，看你未來這兩年希望做出什麼樣的成績。」

會談的開場，要像你進行求職面試的開場一樣。先細看對方的個人背景和工作資歷。利用你習得的技巧取得每位同仁的信任，營造出和諧的氣氛。如果你讓他們不自在，找出原因來，對症下藥。（如果你始終無法讓他們信任你、對你開誠布公，這不等於明明白白告訴了你，他們不可能和你的計畫契合無間？）

氣氛一旦和諧，就是探知他們期望的好時機。你或許可以用到下面幾個問題：

● 你希望一年後可以賺多少錢？兩年後呢？五年後？

爲什麼？你要拿這筆錢做什麼？（他們個人的優先順序）

要賺那麼多錢，你的收入必須增加多少個百分比？（以務實眼光看他們的期望）

你過去的收入可曾有過類似的漲幅？（現實檢核）

請告訴我當初爲了得到那麼高的加薪幅度，你做了哪些努力？（探知更多現實）

- 在未來的兩年（以及五年）內，你希望在事業上有些什麼樣的進展？

你曾經有過這樣的升遷嗎？

請告訴我，當初你爲了得到那樣的升遷，曾經做過哪些努力？

你有沒有因此去學了什麼新技能？

要得到那樣的升遷，你需要什麼先決條件？

- 你自認你具備哪三種最能勝任這份工作的技能？（要求對方舉例，證明他們確實擁有這些技能，而且在工作上舉足輕重）
- 你希望自己哪些地方可以做得更好？還有嗎？（問「還有嗎？」是深入探究的一個簡單的方法。繼續和顏悅色地問「還有嗎？」直到對方再也想不出東西來爲止。）
- 你需要我爲你做什麼嗎？

一家科技公司的主管問了類似的問題後發現，他的部屬期望的所得竟然是目前收入的兩、三倍。「當初聘他們進來的主管說，他們一年少說也可以賺個一百萬，」他解釋。「可是沒人告訴他們，這個百萬年薪的制度是假設他們未來的擇股價值大漲的情況下——以當時的二〇〇〇年來說，這簡直是天方夜譚。」

他恍然大悟，難怪他的部屬意興闌珊，執行不力。他們覺得公司並沒有做到當初所允諾的薪酬（一如赫茲伯格的結論，這是對工作不滿的一個重要元素。）

隨著會談繼續，這位主管發現，不少部屬在進入這家公司之前薪資非常優渥，可是那些工作不是沒有個人成長的機會，就是工作環境欠佳。很多人對他解釋，他們願意降低所得來「交換」較好的工作環境和升遷機會（一如赫茲伯格所言）。

既然以擇股權讓這些員工搖身成爲百萬富翁的可能性微乎其微，而這位主管又冀望部屬的個人生涯藍圖和部門目標能夠契合，這些「交換條件」就成了他計畫中極爲關鍵的環節。

## 第二步：進行現實檢核

現在，每位同仁的個人及職場期望都已攤在桌上，接著你要探知的是，他們願意投入多少努力。

要在生涯上更上層樓，投入更多的時間、金錢或心力是必要的，可是很多人並不了解這一點。他們以爲只要花點時間拿到一個鐵飯碗，更大的報酬自會接踵而至。在這個年代，這是個致命的誤解。如果某位同仁指望有個不同的未來，他們必須做出投資，例如學習新技能、提升工作效能，或是在獲得升遷之前承擔更多的職責。

爲了讓他們扮演好自己的角色，你要以實際而具體的辭彙引他們思考：這樣的目標值得他們付出多少代價。

你可以這樣問：

- 為了達到你這些目標，你願意投入多少的時間、金錢和心力？為了達到目標，你除了一般的工作天之外，還願意投注更多時間嗎？你是否做過這樣的投入？告訴我，那是什麼樣的情形。
- 如果你希望達成的目標需要你做個人的金錢投資，你有這個能力嗎？而你可曾為了學習新技能或有助於你生涯進展的科技工具而投資過可觀的金錢？告訴我，那是什麼樣的情形。你可曾遭遇困難但鍥而不捨，終於達成了使命？告訴我，那是什麼樣的情形。

探究每位同仁眼裡什麼樣的進展才算值得，這是關鍵所在。如果這人的投入意願不夠高，身為主管的你就得設法讓他降低期望，或是提升對方的意願。而即使某個同仁的期望和投入意願始終無法達到理性的配稱，至少你現在就知道也比較好。

## 找出團隊成員為達成目標願意做出哪些投資

有些經理人不喜歡單刀直入。直接去問部屬的個人目標和投入意願，會讓他們感覺到渾身不自在。而有些員工也不願意再多做任何努力，因為畢竟過去他也曾付出過，回報卻微不足道。

那麼，如何讓你的子弟兵告訴你他們願意爲自己的目標付出多少代價呢？你可以另闢蹊徑，方法是：當你檢視完對方的目標，派個功課給他們做。你可以這麼說：

我會依照你告訴我的話仔細想想，看我可以怎麼做幫你達成目標。不過，我還有最後一個問題，希望你花兩天的時間想想再回覆我。

想像一下，現在年度將盡。你的目標隱隱在望，很快就要達成。我替你的考核報告打了很高的分數，還針對你的工作表現對團隊目標的貢獻寫了這樣的評語：「超越我的期望」。請你回顧這成果豐碩的一年，寫下一兩段話，告訴我你做了什麼樣的努力，才能贏得如此亮眼的考核成績。

這是個簡單的習題，可以讓你的部屬用心思索，他們爲了達到目標需要額外付出哪些努力和投資。這個指派作業也是個具體的承諾，身爲主管的你在未來這一年可以用它來爲對方加油打氣，爲執行的動力充電。

## 破除你生涯藍圖的障礙

這一天就跟平常的工作日沒有兩樣，管理顧問雷伊早早就開始工作，很晚才結束。他和朋友羅勃（也是客戶）坐在南佛羅里達的一家餐館裡，閒談中羅勃突然意有所指地冒出一句：「雷伊，你覺得是什麼東西拖住了你？我相信你一定常常分析自己目前的位置，盱衡它和你冀望的目標相差多遠，」羅勃解釋。「你會想，路上有哪些東西絆住了你的腳步。」他抓起一張餐巾紙，說：「我們把它列出來。」

羅勃說的沒錯。多少個夜晚，雷伊不斷織夢，想像著自己希望達到的境地。可是最後思緒總會轉到他面對的阻難——經濟疲弱、客戶不願花錢培訓員工、同事們不像他那樣克盡心力。他多麼希望事情不是這樣，好讓他遂自己的所願。

「嗯，」雷伊開口說道。「新公司要建立口碑，總是不容易。」

「好，」羅勃一面說，一面疾筆記下。「第一，口碑信譽。」

雷伊立刻補上一句：「是有不少東西可以讓我有所進展，可是很多都超出我的預算。」

「第二，錢，」羅勃邊說邊記。

如此這般，兩人寫滿了好幾張餐巾紙。雷伊正待繼續說，羅勃攔住他。「我看這份清單已經夠詳盡了，」羅勃說。「對於這個問題，你顯然深思熟慮過。不過，你知道嗎？我覺得你這份清單少了一樣東西。」

他頓了頓，然後直視著雷伊的眼睛，說：「雷伊，你沒把自己列進去。」

無論你的計畫多麼完美，總會碰到一些阻難。可是這些阻難是大是小，要看你的視角而定。要是你把頭貼在地板上仰眼上望，這些阻礙看來當然龐巨無比。可是換個角度看，很多問題則小如螞蟻丘。換句話說，你看問題的角度，說不定就是問題的一部分。

你在配合部屬的個人生涯藍圖之際，調整他們的視角是很重要的。每個人都必須了解，障礙是在所難免的，而且他們非去克服不可。他們必須爲自己的成敗負起責任。

試試羅勃對雷伊用的那一招。請你的部屬列張清單，寫下他難以達成目標的原因，諸如官僚體制的刁難、有限的資源、始料未及的挑戰。仔細看這份清單，和對方討論如何搬走這些絆腳石，讓這條路平坦些。不過，你也要留意他們有沒有把自己列進去，如果沒有，把雷伊和羅勃的故事說一遍。

這是很好的方法，能讓一個人了解他也有一份責任在。

## 第三步：將點點滴滴拼成完整的圖案

如果某個同仁願意付出可觀的時間和毅力，這時你可以將你的期望說清楚講明白，並且遞給他一張白紙，說不定這人會因此創意大發。一旦公私目標完成了配稱，計畫如何達到所有人的目標並且付諸行動，是這件事最好玩的地方。

可是對於那些公私目標怎麼也契合不了的人，你該怎麼辦？你可以幫他們請調到到其他比較可以勝任的部門，不一定要解雇。請記住，公私目標不能配稱並不是犯罪，不過團隊中有個尸位素餐的人，確實是個罪過。這種做法是鼓勵某些難以溝通、不知變通或其他公私目標扞格不入的員工另謀出路。配合你的時間表為他們做到這一點，是你的責任。

仔細想想，你會發現這是非常有道理的；如果部屬知道自己的目標和部門目標息息相關，當然會更加惕勵，動機更強。

反過來說，如果所有成員的目標加總起來無法和部門目標相配合，要圓滿達成團隊目標是癡人說夢，這道理也是不言而喻。

不過，公私目標之間的配稱並不是那麼顯而易見。

●無論是主管或部屬，四八%的工作者不清楚自己日常職務和公司目標間的關聯。

●百分之四十七的員工認為，他們的東家並沒有一個公平或理性的紅利制度。

●百分之五十一的員工認為，公司的績效評鑑制度對他們的組織毫無價值可言。

要克服這樣的落差，你得讓部屬明白告訴你他們的期望、確定你們雙方的期望能夠契合，之後才能將它們拼成完整的圖案。

# 6
# 找個鬥士

## 最成功的計畫都有一個貫徹執行的負責人

以「鬥士」這個辭彙來形容雀屏中選的執行行動領航人，
尤其貼切不過。
這個字的意思是格鬥戰士、軍事先鋒
或是為了他人利益而入戰的護衛者。
鬥士是滿懷熱誠的戰鬥者，
他們因為矢志達成目標，
孜孜與所有來自內在、外界的屏障奮戰不已。
當你注視著某個人選（或是鏡中的自己），
請你這樣問：「你有沒有能力當個鬥士，
為貫徹執行而奮戰到底？」

當加拿大太平洋旅館（Canadian Pacific Hotels）的行銷總監接獲任務，要他設法增加商務住客營收的時候，他非常清楚，他不能光是複製那些大型連鎖旅店吸引主顧的方法。研究顯示，那些類似航空公司累積哩程、按花費額度給予商業住宿客點數的「酬賓」計畫，對加拿大太平洋（現稱費爾曼旅館暨休閒事業，Fairmont Hotels and Resorts）這樣的小公司來說太昂貴了。事實上，麥肯錫顧問公司曾經針對諸多獎勵辦法做過分析，結論是：絕大多數酬賓計畫的投資報酬率都不高。

「在服務業裡，商務客戶是要求最多也最有主見的顧客群，」這位行銷主管布萊恩・李察森（Brian Richardson）說。於是他跑去問這些商旅客，除了累積點數，還有什麼東西能吸引他們一再上門惠顧。和數十位商旅客戶談過之後，他發現紅利點數之外，每個人都希望得到量身訂做的住宿經驗——每次停留期間，旅館都能根據他們個人的喜惡設計招待內容。

於是，李察森帶著他的團隊坐下開會，圖繪出從客人登記入住到付賬離開之間所有可能使用的服務，包括房間方位的選擇、小酒吧裡放上客人喜歡的飲料，鉅細匪遺。針對每個與客戶接觸的機會（不下數十次）和所有可能的方案，李察森團隊不僅重新制定了更高的服務標準，也因此想出爲費爾曼的商務住客特別設計、稱爲「總統俱樂部」的待客水準。

他們對費爾曼總統俱樂部會員的承諾很簡單——你只要告訴他們你要什麼，那麼每次你來住宿（不管世界上哪個角落），他們移山倒海也會爲你做到。

「說是很容易，」李察森的同事強恩・馬梅拉（Jon Mamela）解釋。「不過我們心裡有數，做起來勢必是困難重重。」

馬梅拉是從其他部門借調過來，主持公關行銷部門的這個新計畫。他和團員研擬出一個訓練計畫，明確羅列出所有的流程、無數的檢核表和工作職掌明細。他們建立了一個精密的資料庫和資訊傳播系統，能讓旗下所有的旅館接獲必要的指示，以期爲客人量身打造服務內容——即使他們的住宿是以天數計算。

「可是，要讓這個計畫生效，每天都得做到一大堆我們稱之爲『建立內務』的事情。我們擔心的是，如果只是把每個會員的特殊要求加到旅館經理的待辦事項中，說不定某些重要的細節根本不會落實。」馬梅拉說。

決策小組認爲，他們不能光是宣布推動新計畫，然後把執行的責任往各分店主管頭上一推就算了事。他們決定在每間旅館新設一個職位：總統俱樂部的鬥士。「這位鬥士相當於中心樞紐，任務是確定所有的住宿會員（幾乎占非旅行團的預約客戶的一半）得到正確的服務，」馬梅拉說。「這些鬥士每天都得和同事協商，確定每個員工都知道什麼人今天會住進來、該如何準備他們的房間、什麼人已經登記入住、什麼人即將退房。鬥士的責任是讓這個計畫貫徹執行，持續不輟。」

一般說來，企業領袖在擬定新策略之際往往會下這樣的結論：「他們（那些第一線的同仁）只要執行我們的計畫就好。」不過這些企業領袖忘了奸險每每藏在細節裡。李察森和馬梅拉沒有犯這個錯。他們知道，這個策略需要一個名字和一張面孔，這人的權責要橫跨各個功能部門，以確定會員客戶每次到費爾曼旅館來住宿都能得到期望的服務。靠著新創一個職位，而非把總部又一個新計畫往當地的主管身上硬塞，他們使得情勢完全改觀。

雖然時值服務業的慘澹期，費爾曼總統俱樂部的會員依然忠心耿耿；二〇〇三年的訂房率增加了三成，營收高出百分之四十三，顧客滿意度也創下新高——而且，這是在沒有拿紅利點數、免費禮物或大幅折扣等招數來收買顧客的情況下。在一個競爭慘烈有如割喉戰的行業裡，這個中等規模連鎖旅館的成就確實令人刮目相看。

費爾曼旅館暨休閒事業的啓示顯而易見——專案行動要落實，需要一個鬥士。話說回來，管理高層應該如何做，才能找到適當的鬥士呢？

## 找個鬥士

大部分的老闆會在團隊中指派一個深具企圖心的經理人當鬥士。只是這樣並不夠。在這一章，你會學到如何在組織裡爲你的目標找到適任的鬥士；當你進行初步的篩選，應該留意什麼、避免什麼。另外，你還會從一位不同凡響的經理人身上學到：這些鬥士之所以成功，哪些態度和行爲功不可沒。

套句亨利．福特的話：爲專案計畫找個負責執行的鬥士，頗類似於決定誰該擔任歌劇的男高音。當然，這人一定要能唱高音。只不過，歌劇界的主事者對於誰能勝任高音誰不勝任有個準則可循，企業界卻沒有類似的檢核表去判定來試鏡的候選人是否適合當鬥士。

所以，馬力歐・賈西亞（Mario Garcia）就自己發明一個。

賈西亞博士是賈西亞媒體事業的創辦人和營運長，這是一家設計顧問公司，以報社、雜誌和其他圖文媒體的發行商爲對象，爲刊物重做定位、重新設計主軸。替報紙重新定位頗不容易；做得好，報紙除了留住老客戶，還能吸引更多新讀者，在廣告商眼裡，這份報紙的價值就會看漲。然而一旦定位錯誤，讀者和廣告商紛紛出走，報紙就有陷入財務危機之虞。在這樣一個打開電腦就看得到剛出爐的新聞、有數十家二十四小時播放新聞的有線電視台、民眾的資訊口味動輒丕變的時代，賈西亞旗下的七十二個設計專家曾經幫助許多深受敬重的印刷媒體免於賠錢倒閉的命運。

「重新定位通常涉及四個階段——做出簡報、廣徵創意、和現實妥協、付諸行動。」賈西亞說。「初期你通常會得到百分之一百五十的矚目，這當然很棒，可是好戲在後頭——等那些大頭和關鍵人物將注意力轉回他們的日常事務，眞正的苦差事才要開始。」

這番話聽來頗像是大部分新頒政策的生命樣貌。你拋出一個有如桃花源的問題：「如果手裡有一根無所不能的魔杖，你會做什麼樣的改變讓你的業務變得更好？」這當然令人興奮，於是大家極盡想像，爲它想出各式各樣的答案。丟出你的意見讓每個人聽聽你多麼有創意、多麼有洞見，確實令人精神一振。於是每個人大排長龍，渴望也能參一腳。

然而，等到執行階段，一大堆的人卻都有「其他更重要的」優先事務要做。

賈西亞知道，重新定位是成是敗，關鍵在於有沒有一個鬥士，即使在計畫面臨困難之時依然不改初衷，熱情推動。「最成功的計畫都有一個負責人，」賈西亞說。

他也知道，這份工作需要多種有如先知的技能。「鬥士這個角色眞正的重頭戲是從第三階段（和現實妥協）開始，然後持續到結束，」賈西亞說。「在我的心目中，這人就像一個火車頭的設計工程師。他要備足油料、燃料和水，好讓這列火車時時刻刻不離正軌，直到完成預定的行程。」

賈西亞開始動工。他必須知道哪種人適合擔任這項職務的鬥士、哪些技能舉足輕重。一開始，賈西亞的客戶會自己選定計畫主事人（他給這些人取了個綽號：「執行先生或小姐」）。他說：「通常董事會或刊物發行人和我寒暄幾句後就會告訴我，某某人會帶領我們的組織經歷這場變革。」

「結果奏效的極少，」賈西亞發現。「在我看來，顯然不是每個被指定的人選都能勝任這樣的挑戰。」

賈西亞於是拿出他做過的許多企畫案，針對優秀的鬥士開始研究。他不但分析幾乎是無懈可擊的執行案，也分析那些他得花大把時間親自收拾執行爛攤的專案。靠著這樣徹底的剖析，賈西亞研擬出一個六點的檢核表，這份相當於態度和行爲的指南，很快就能指出什麼人最有潛力當個成功的鬥士。拜這份檢核表之賜，賈西亞媒體得以對全體員工進行篩選，在第一階段結束前就找到了最具潛力的鬥士，而如果那人並不是客戶先前中意的主持人選，賈西亞的同僚會在重新定位開始運作之前進行協商，提議換人。賈西亞拿來為諸位執行先生或小姐試鏡的六點包括哪些呢？

### (1)鬥士一定要有高度的同理心。

我們在「字裡行間找線索」一章中說過，同理心，也就是不必親身經歷就能以客觀或顯見的方式認同他人感情、想法和經驗的能力，是極為珍貴的一種管理技能。對於主事一個計畫的鬥士來說，更是如此。「舉個例子給你聽，」賈西亞說。「一般而言，位居要津的人如果個別來看，對所有的變革都願意投贊成票。可是如果他們是一個群體，要讓他們一齊點頭卻會變得有如天方夜譚。」對許多計畫的主事者來說，最簡單的解決辦法就是硬性排定開會議程，讓那些有出席的人做最後定奪。

很多人是用一種「如果你打個盹，機會就沒了」的態度辦事情。換句話說，他們以強硬的態度對待所有的計畫參與者，這是他們推動事務、讓每個人不偏離出軌的方法。他們等於放出訊息：「如果你挪不出時間來進行表決或及時反應，那你的意見就不算數。」

「可是，」賈西亞繼續說。「我們發現，如果你把某個決策者撇在一旁，他日後往往會排拒這項變革甚或其他不相干的變革，只因為他們曾經被拒於門外而感情受傷。

「我那些最優秀的執行先生小姐們，有一個非常善於預測他人的反應。如果哪個重要人士沒來開會，她會這麼說：『我想我們的決策算是確定了九成，不過除非某某人看到這個，否則決策不算百分之百完成。』然後她會千方百計，設法讓那個大人物看到。」

這位鬥士因爲設身處地爲人著想，又因爲理解那些人可能會因爲被排拒在外而心存怨懟，於是多攬了些事情在身上。可是她這番話有如公開表態尊重每位主管的意見，這不啻是告訴那些大頭，他們的地位受到了保護。心無芥蒂的主管們於是更樂意合作，也更願意騰出時間來參與轉圜，放行計畫也更爽快。到頭來她等於是替自己省事，也讓過程暢行無礙。

所以，選鬥士的時候，要看這人有沒有同理心。

### (2)鬥士會問很多後勤相關的問題，例如：「你能給我時間表嗎？」或是「接下來呢？」

「不管是明天早上八點還是下週四下午六點該準備好的東西，勝任的鬥士都必須追蹤掌握，」賈西亞說。「他們會擔心可能產生的衝突，所以會堅持所有環節要接合無誤、清楚明白。他們有能力看到任務的全貌，也能注意到每個小細節和它對整體執行的影響。」

鬥士也得具備認眞盡責的特質，因爲擔心過程有阻礙而主動挖掘問題。有些專案負責人認爲後勤作業太凡俗，不屑放在他們先知卓見的腦袋瓜裡，找這樣的人爲行動領航是很糟糕的抉擇。你要找的人選應該既能正確體認重大任務的輕重緩急，又有能力看到細微角落。

### (3)適當的鬥士是幹才，有能力身兼數職。

變革計畫進行之際，這位鬥士或許有四項燃眉之急要做、有十八個人要擺平。他們必須像電視上老綜藝節目的雜技演員一樣，能夠用二十四根棍子頂著二十四個旋轉的盤子，雙腳一面來回平衡，一面給予每個盤子足夠的注意力以免跌落。

「即使在錯綜複雜和充滿不確定的情境下，最優秀的人依然是頭腦清醒、從容不迫，」賈西亞發現。「這種人始終保有強烈的方向感和堅定的目標感。」不要找個多項要務纏身時就戴上眼罩眼不見為淨或是氣急敗壞的人當你的鬥士。要找個雜技要得像專業的人。

## ⑷鬥士必須是勇於直言的人。

有時候，鬥士必須在老虎嘴上拔毛。舉個例子。有個鬥士在一次大型會議前一個小時來找賈西亞。她說：「馬力歐，我覺得你得把你的講稿修一修。」她看完賈西亞的稿子，覺得演講過長，會讓幾個重要主管失去耐性，於是特地跑來告訴他，講稿需要修改（開門見山，毫不遲疑）。

一個初次接掌企業改造專案的年輕女子，告訴一個有三十一年經驗、在國際間成功改造過無數組織的男人，說他擬好的演講稿並不恰當、需要修剪，這需要勇氣。而這位鬥士既不閃躲問題，也不因為賈西亞經驗較豐富而順著他去。她選擇迎頭面對。

「如果是正確的（鬥士）人選，他跟你說話的時候會直視著你的眼睛，而不是閃躲，」賈西亞說。這需要穩定的情緒，也需要堅強和自信。必要時直言無諱、勇於面對，是贏取信任的必要要件。害羞、內斂或是被動地採取主動的候選人，都是不良的選擇。

## (5)鬥士從團隊成就得到的滿足更勝自己的成就。

關於組織的領導統御，一些最有智慧的觀念可以從老子的作品中尋得。西元前六百年，老子就寫過這樣的智慧珠璣：太上，不知有之；功成事遂，百姓皆謂：「我自然。」自己的貢獻沒被人看到，很多領導者會耿耿於懷。他們需要別人的歡呼，喜歡賀聲不絕，以滿足一己的自尊。有些主管甚至因爲極度缺乏安全感，會竊取同僚的功勞據爲己有。這在裝腔作勢講究門面的董事會裡或許行得通，可是對於站在第一線的鬥士，則是期期不可。貫徹執行需要群策群力，很多努力是看不見的。管理者若是自我意識太強，會把這種合作精神破壞無遺。賈西亞說，適當的鬥士必須：「以企畫案馬首是瞻，把自己放一邊。」他們因爲有足夠的自尊自信，因此能慷慨地把功勞推給別人，一心要讓所有的部屬在最後成果上看到他們的心血痕跡。他們還得有足夠的安全感，才能把居功的念頭置之度外。

## (6)勝任的鬥士願意學習新的技能。

「領導執行的工作，沒有人是一開始就準備妥當的，」賈西亞說。「商學院沒教這個，大部分的在職經驗也沒有這種訓練。許多人之所以坐上目前的管理大位，多半是因爲他們曾經是優秀的業務員、工程師、會計師甚或記者，」這些人具備高超的專業技能，可是對於如何帶領他人執行政策卻沒有訓練可言。

耶魯大學心理學教授卡羅・卓瑞克（Carol Dweck）曾經指出幾個特質，有助於你明辨一個人是否很難去學新事物。如果某人在言行之間讓你知道，他相信「犯錯就是愚蠢」，或是他們認為面子是世界上最重要的事情之一，那麼要這種人去學新技能可難了。勝任的鬥士會從容面對錯誤，從中學習教訓。賈西亞認同這句話。「你要是找個只想藉此沽名釣譽或是當成往上爬的踏腳石的人，那是最壞的選擇，這些人太在乎別人對他的看法了。」

## 將準則付諸行動

賈西亞認為，雖然企業改造屬於高度專業的範疇，鬥士本身卻不見得需要很多專業技能。這份工作最難的部分並不是做出專業決策。賈西亞說，最難的地方，「在於人事的處理。這是最後決定（執行）是成是敗的關鍵。」

換句話說，在決定鬥士人選之際，態度的考量要比專業經驗更重要。

在「聘僱正確的人才」一章中，我們曾經學到有助於你勾勒出「正確態度」的「五大」人格特質——認眞盡責、與人為善、開明開放、外向開朗、情緒穩定。請利用同樣的程序來找你的鬥士。

首先，檢視賈西亞於前面幾頁提出的六點準則，接著將人選的個性和這些準則相互對照，也就是針對達成你的目標所需的特質程度，以1到7的等級逐一為「五大」打分數。接下來就是面談了，藉以觀察候選人的言行是否顯示他具備這些特質。

記得要求對方舉出幾個足以顯露個人特質的實例。請他告訴你，他們什麼時候曾經面對類似的情境、當時如何因應，而如果事情發生在現在，處理方式會不會有所不同。任何顯示這人不適任的蛛絲馬跡都要留意，例如能力無法兼顧數職，或是有邀功居功的傾向。找出不適任的端倪和找出人選的優秀特質同等重要。

別忘了賈西亞提出的最後一點準則：爲執行行動領航的人，必須時時學習新的技能。不要刻意去找經驗豐富的人，要問他們對於過往經驗有沒有心得。用心探究對方的心態，然後細細思索，這位候選人到底有沒有能力從錯誤中學習。

下個章節裡，那位被賈西亞譽爲「偶像」的執行高手會爲我們詳述她的一些作爲。如果你正在爲某個計畫徵選適當的鬥士，她的觀察應該可以作爲補遺，爲你勾勒的圖樣完成最後一筆。

## 向鬥士學習

西元二〇〇〇年，道瓊決定進行重整，爲他們的旗艦刊物《華爾街日報》重新設計主軸。「這份報紙越做越大，」一位副總編輯解釋。「這是一個讓大夥兒後退一步，爲某些問題思索答案的機會，例如：『我們應該何去何從？我們現在之所以這樣做，是因爲那些事是正確的，還是因爲過去一直都這樣做？』重整計畫的宗旨，是讓讀者從這份報紙中得到更多好處。」

賈西亞媒體公司接受聘請，準備和報社的藝術總監喬・迪斯倪（Joe Dizney）以及副總編之一瓊安・莉普曼（Joanne Lipman）並肩合作。一九九八年之後該報的週五版多了一份附贈版面，莉普曼就是協助創立這份《華爾街週報》的功臣之一。從扶植《華爾街週報》上軌道的經驗中，莉普曼已經學會讓《華爾街日報》和道瓊那些長年伏案辦公室的大頭、主管和董事會在執行方面也善盡一點責任。賈西亞一眼就注意到莉普曼，立刻將這位副總編輯和他篩選鬥士的六點準則進行比對。

莉普曼非常符合。她不但詢問賈西亞很多後勤作業的問題、從頭到尾勤做筆記，針對某件事發表意見或要求澄清的時候，也會直視賈西亞和他的同僚。莉普曼一開始就告訴他，她「熱愛有如白紙一般的企畫案」，還說她承擔這份責任並不是爲了青雲直上。

可是最令賈西亞眼睛一亮的是莉普曼深得人心，包括上上下下所有階層。「我們會互相取綽號，」他回憶道。「我，當然叫做瑞奇・立卡多（譯註：Ricky Ricardo，演員，老牌喜劇明星露西・鮑兒之夫），因爲我的古巴口音。瓊安不久就被稱爲瑪麗・泰勒・摩爾，因爲摩爾在她的電視節目裡就是個能用微笑轉動世界的人。」莉普曼也有同樣的本事。一如賈西亞所言：「她超有自信又不會給人威脅感。大家對她是有求必應，而且是發自眞心。」

幾次面談後，他發現莉普曼有如明星般光芒四射，除了因爲具備資深記者的絕佳傾聽技巧、幹練主管遊刃有餘的待人處事能力之外，還有其他原因。她投身這個重整專案，是因爲心懷對公司、同事和讀者的一片熱誠。莉普曼顯然深以《華爾街日報》的一份子爲榮。說來或許煽情，但她之所以成爲絕佳的執行鬥士，就是拜她這份熱愛所賜。

## 愛幾乎是唯一的必要條件

莉普曼強調，你的熱誠和領航成功與否息息相關。當她被問到爲什麼願意扛下重整改造的重擔，她這麼回答：「我『熱愛』需要共識的企畫案。我『熱愛』從一張白紙開始。」建立共識很難，許多經理人因此望而生畏，對於涉足未知的疆域探險更是寢食難安。而莉普曼對這些挑戰卻是引頸期盼。

全面改造企業是個漫長的過程，勢必有各種不同的聲音和衝突出現。當她被問及如何因應，她說：「我由衷相信我們報社有一籮筐的聰明人，我『熱愛』聽聽他們的心聲。」很多經理人因爲對同事（甚至上司）不夠尊重，所以不屑聽他們的意見。反觀莉普曼，她將熱情化爲尊重，這樣的言行和表現使得很多個性南轅北轍的人都願意置身事內。

時限隱隱在望，事情卻阻難重重，即使在這樣的時刻，她也能讓大家開開心心。問她用了什麼法寶，她說：「我是會碎碎唸，可是嘮叨完一定會用『愛』把他們澆得透透的。」你對別人表示感激，別人自然心動，而令人訝異的是，有太多的經理人就是做不到這一點。是莉普曼的熱情，軟化了困難關卡的芒刺。

「不管你做什麼，你必須『熱愛』它，」莉普曼下了結論。「有人一被指派新任務或是獲得升遷就跑來問我：『這樣的異動對我有好處嗎？』我會這樣回答：『除非你很喜歡做這件事，那才叫做有好處。』要是你不能快快樂樂的去做這件事，如果你不『熱愛』這件事，那就是大大的不妙。」

當你為某個計畫挑選領航執行的鬥士，第一個篩選準則就該是這樣的熱誠。問問你自己：「這人是否熱烈擁護這個計畫、熱情呵護相關的同仁，而且非常熱望要達成目標？」如果你在準候選人身上看不到這樣的熱情，你最好另請高明。

愛「幾乎是」唯一的必要條件，不過還差一點。除了熱情，莉普曼在為《華爾街日報》的改造掌兵符之際，還示範了三個非常重要的技巧：

**技巧一、有凝聚共識的能力**
**技巧二、待人以尊**
**技巧三、建立危機意識**

## 技巧一、要能凝聚共識

唐娜不認為凝聚共識的過程有何樂趣可言。唐娜是某採買團體的主任，代表五十家零售企業進行採購，金額往往高達十億美元。由於是結合所有企業的集體採購，採買團對供應商可以做出大量的訂單承諾，這是討價還價的籌碼，可以拿到較大的折扣。

每家企業都有自己的盤算，有時候唐娜的談判結果完全吻合這五十家會員企業的如意算盤。可是要是哪一樁交易沒有百分之百吻合，很多團員企業對於執行就會意興闌珊，甚且用彆腳的理由爲自己的不行動搪塞過去。

唐娜很挫折。「我們這個團體沒有凝聚力，」她說。「如果我談成一筆交易，每個人都得支持我才行。可是我好像大半輩子都在解釋細節，哄勸他們參與執行。」

「有沒有什麼強制機制可以逼迫團體每一份子非付諸行動不可?」她問我。

很多經理人一定和唐娜心有同感。他們每每暗自祈禱，希望員工知道他們的責任就是服從，是毫無異議地接受上面的決定。這樣這些領導者才能接著去做更重要的事，而不是天天爲了讓大家有共識而苦戰不已。

莉普曼不認同這種心態。有人認爲謀求共識很麻煩，不值得大費周章，她完全不以爲然。她深知共識是做出更好的計畫、更佳的決策的要件。她非常認同「人人都希望別人聽到自己心聲」的想法，所以即使每個人都「有一己的高見」，需要她費盡九牛二虎之力才能加以整合，她也完全不會心灰意冷。

「你還是要心存願景，」她提出諍言。「至於達到願景的方法，你得打開胸襟，廣納建言。你不能把自尊放在這種事情上。」她的領悟是：如果你要求所有人貢獻己見，「你會得到許多最棒的點子。」把零星的片段拼成圖案是挑戰，可是她樂在其中。「把那麼多見解、那麼多想法融會在一個堂皇的願景當中，是我非常樂見的事，」莉普曼說。

擅不擅長建立共識的差別在哪裡？賈西亞舉了個好例子。他的觀察是：「莉普曼不會說：『我們打算這麼做。』她會說：『大家覺得這樣做怎麼樣？』」

要找什麼條件？建立共識需要哪些條件，莉普曼提出了她的心得。如果你正在為自己的計畫挑選負責執行的鬥士，或許可以利用她這些準則。

共識始於傾聽。「決策的制定人人都有份，」莉普曼提到《華爾街日報》的重整時說。「我和總部每個主管都談過，編輯和記者更是不計其數。華盛頓地區的負責人有一籮筐的點子。他的觀點和洛杉磯的同仁天南地北，而洛杉磯地區的人又和財務投資這組人馬的意見不一樣。」

你的候選人懂不懂得傾聽？一如先前所說，傾聽並不只是不說話而已。去問問這位候選人過去的同事，看這人是否傾聽過、了解過他們。很多人會裝出傾聽的模樣，心頭卻兀自思索自己的事，所以根本沒聽到對方說了什麼。

除非每個人都感覺直言是安全的，共識才會隨之而來。「所有的人都該知道，即使只有他一個人投反對票，他也不用覺得不好意思，」莉普曼說。「你得讓大家知道，有話直說無妨。」莉普曼展現這個技巧的方法之一，是仔細平衡會議的出席人選。

賈西亞記得，莉普曼直覺上就知道該找誰來開會，誰最好不要出席。「她會這麼說：

『如果你請了這兩個人來，一定是『這人』當家作主，』她向來會替大家留意顏面問題。」

「事情最好保持單純，」莉普曼建議。「正式會議也好，非正式的聚會也好，都不應該受到和你目前手邊要務無關的事情的污染。」

你的候選人有沒有主導團隊的能耐，讓每個人覺得開口直言是安全的呢？他有沒有循循善誘的耐性，能讓那些不擅言詞的人一吐塊壘，是不是有辦法應付那些強勢的發言人，以免他們獨霸整場會議？而他們是不是還明瞭，舌燦蓮花的口才和發言內容其實沒有關聯？

激奮是共識的燃料。《華爾街日報》重整計畫最大的問題並不是追趕錯綜複雜的時限，也不是化解大家在先後緩急次序上的衝突。依照莉普曼的說法，這個計畫最難的地方，是如何讓大家動力不斷，長保激奮之情。「你必須從自己做起，散發那股狂熱，」她說。

而莉普曼爲每個人添加燃料的方法，是時時讓大夥兒感受到一己的貢獻。「你一定要讓大家有種感覺：『我在這件事情上看得到我努力的痕跡。』告訴你的同仁，他們的心力是如何編織到大局的經緯裡，如果知道自己是某個偉大構想的一部分，他們會熱血沸騰。」

莉普曼非常慷慨，她對參與計畫的同仁不吝讚美，也讓每個人知道，這個計畫是群策群力的結果。

你的候選人是否擅長鼓舞別人？大體而言，他是不是一個樂觀的人？他們可曾用過什麼方法，讓自已時時保持激奮之情？而如果別人欠缺動力，他們會扛下這個責任還是推到別人和其他事情的頭上？

## 技巧二、待人以尊

重整過程當中，莉普曼不只對主管級人物，對日後將會受到影響的同仁也表現出同樣的尊重。而她表現尊重的方法，是與他們共商重整計畫。

例如，在申請過關的過程中，她把頭版編輯也拉進來，雖然他並不是決策層級的一員。「我們認爲，把那些變革措施拿給層峰過目之前，必須先拿給頭版編輯看，」她回憶道。「這是他的地盤，而我們是在上面動土。那些東西是他的骨肉。我們不希望等別人都看過、計畫也通過了，才給他來個措手不及。所以我們悄悄把他帶進來（這些都是秘密進行），讓他先看一遍。」

我可以告訴你，對一個排程滿滿、忙碌異常的鬥士來說，這是個非常大的尊重表現。很多領導人缺乏技巧，很難在達成任務和表達尊重之間取得平衡。（本書稍後會另闢專章探討這個主題。見基礎磐石IV：「個人自動自發」。）

賈西亞認爲，你的候選人必須非常敏感。「我敢說，要爲執行行動領航，你的人選必須心懷一份戒愼恐懼，」他說。「這個鬥士必須害怕傷害別人，害怕有人被遺漏在外。」

莉普曼以尊重對待所有的人，而她的表達方式是花時間解釋、有功勞大家分。

解釋事情，是尊重的表現。如果你的行程滿檔、時限緊迫，頭一個被你犧牲掉的，就是不把事情好好解釋清楚。「我們沒有時間，」匆匆忙忙的經理人會這麼辯解。「他們只要信任我不就得了？」

而莉普曼的心得是：如果你把事情好好解釋給那些聰明人聽，以後他們更會對你信任有加。「所有的人勢必會受到影響，即使計畫最後的定案並沒有採納某些人的意見，」莉普曼提及重整計畫時表示。他們還是會希望知道內情。

例如，莉普曼會告訴她的長官，她採取的步驟是如何決定出來的。「我發現，當老闆的尤其希望聽到事情的進展，」她說。「如果你希望他們讓你的計畫過關，就把你背後的原因解釋清楚。」解釋可以建立信任。

你屬意的人選有沒有耐性不厭其煩地對不同的人做不同的解釋呢？如果你要求他們時時涉身事內，他們認爲這是應該還是嫌煩？

將功勞歸給他人，是尊重的表現。「如果有人做出貢獻，大家都該知道，」莉普曼說。「這是我從我老闆保羅・史泰格〔Paul Steiger，《華爾街日報》總編輯〕身上學到的。他總是把功勞往別人身上推。收集別人的創意巧思，然後把自己的名字掛在上頭，這種事我做不來。」將功勞歸給他人，是尊重群體貢獻的表現。

考考你的候選人，問他們有過哪些成就。除了自己，他們會不會把功勞歸給什麼人？他們慷慨嗎？有沒有什麼人覺得曾經受到欺騙，因爲自己的功勞被他們搶走過？而你的候選人會因此良心不安嗎？

## 技巧三、建立危機意識

「鍋子裡的青蛙」（參考彼得．聖吉的《第五項修練》）這則寓言說，如果你把一隻青蛙放入滾燙的水鍋，牠會立刻胡蹦亂跳，拚命想逃出來。可是如果你把青蛙放入室溫的水鍋，牠會安份地待在裡面。你慢慢加熱，水溫越來越燙，青蛙依然待在水裡，最後成了青蛙湯。爲什麼？因爲它察覺不到緩慢的溫度變化，等到發覺爲時已晚。彼得．聖吉的青蛙需要一個鬥士提醒他：「你沒注意到嗎？一開始水是室溫，可是現在已經熱得冒氣了。要是繼續熱下去，你恐怕要被煮熟了。」應該有人要爲你的青蛙建立危機意識。

有人把建立危機意識視爲「嘮叨」。不過，青蛙不會認爲那個在危險逼近之際將牠從渾噩中喚醒的人是嘮叨。你也不會。有時人總會需要有人在耳邊嘮叨幾句。對鬥士來說，唯一的切身問題是：「別人對我的嘮叨有什麼反應？」在《華爾街日報》，沒有人在意莉普曼的嘮叨。拜善體人意和天生的好性情之賜，她的嘮叨自有分寸，從不令人難以忍受。

下藥要一帖一帖慢慢來。莉普曼逼自己記住，她的優先要務並不是她週遭同仁的唯一要務，所以不能輕啓戰端。「每個人都有工作，也都有期限要趕，你的計畫只是繁雜事項中的一項而已，」她提醒自己。

和現實妥協。「如果有人說：『等一下，我們不可能這樣做，』或是：『拜託，你的要求太多了，』你就得專心聽對方說什麼，」莉普曼如此建言。除非你有這份敏感，知道自己是不是要求太多、是否和現實脫節，否則嘮叨難有成效。

要用不同的方法嘮叨。老是出現在某人的眼前要求對方把你的事放在待辦事項清單上的第一條，你必須用不同的招數才能達到目的。「有時候你得連哄帶求，」莉普曼說。有時候則是開門見山：「好了，夥伴們，這一週我們必須完成這五件事情。」每個人的反應不同，要見機行事。

利用正向的強化。「如果他們設法完成了你交辦的事情，你一定要表示感激，」莉普曼建議。「你必須給他們一點好處，作爲獎勵。馬力歐的法寶是帶我們去吃午餐，請喝香檳。有時候你得買點小禮物送他們。當然，我會用愛把他們澆得透透的。」

請你的候選人舉出實例各一，說明他們曾經爲了達成任務，如何對上司嘮叨、如何對同事嘮叨。仔細看他們的表現，是不是夠巧妙夠圓融。再問自己：「如果這人對我嘮叨，我會不會介意？」

以「鬥士」這個詞彙來形容雀屏中選的執行行動領航人，尤其貼切不過。這個字源於十三世紀，意思是格鬥戰士、軍事先鋒或是爲了他人利益而入戰的護衛者（例如，人權「鬥士」）。鬥士是滿懷熱誠的戰鬥者，他們因爲矢志達成目標，孜孜與漠不關心、心不在焉、遲鈍冷淡以及所有其他來自外界的屛障奮戰不已。

把鬥士的形象放在心上，當你注視著某個人選（或是鏡中的自己），請你這樣問：「你有沒有能力當個鬥士，爲貫徹執行而奮戰到底？」

# 基礎磐石 III
## 收服人心

讀過了如何讓員工得到水晶般清楚的指示、如何爲所有的目標覓得適當的人才，現在的你幾乎可以開始行動了——沒錯，只是「幾乎」而已。

良好的構想無疾而終，每個經理人都耳聞過這樣的悲哀故事。故事是這麼說的；一開始所有的人都愛死了某個良策，因爲它保證可以解決某個揮之不去的惱人難題，要不就是足以掌握某個大好契機。可是這個絕妙點子還沒見到天日（或是才剛起步）便戛然而止，最後只落得分崩離析，徒然留下久久不散的失落感和迷惑。

這些故事都包含一個事實：任何胸襟還算開放的人都知道這個點子若是切實執行，一定會讓事情有所改善。「那麼，」難怪經理人會納悶。「爲什麼我們不去落實呢？」

爲什麼？因爲，無論你的期望多麼清楚、部屬個人的生涯藍圖和部門目標有多契合，執行永遠涉及方向的「改變」。牛頓在三百年前就闡釋過，所有的物體（包括人類在內）都會抗拒方向的改變，除非你施以足夠的力量，才能讓它們掙脫惰性法則的左右。

在企業界，這股能讓組織掙脫惰性法則的力量叫做：「收服人心」（buy-in）。這是管理界的一個名詞簡稱，意思是職場上的同僚願意付出信任也樂於朝著新或不熟悉的方向行進，竭盡所能地協助其他團員貫徹執行。

團隊得不得人心一眼就看得出來。同仁間每天的互動充滿樂觀和開放——很快就適應突如其來的情境、有能力隨機應變、願意爲了排除大小路障而付出額外的努力。深得人心的團隊不但支持整體的目標，也會互相扶持，輔導、協助、鼓勵團隊的每一份子落實執行。

不得人心的團隊也是一眼就看得出來。樂觀和開放被負面思維和排斥抗拒所取代，連空氣裡都嗅得到——員工拖著腳步來上班、凡事怨天尤人、計畫進展不如預期便交相指摘。不得人心的團隊功能盡失，因爲總有幾個人會背著老闆對那些致力執行的人進行破壞。

傳統智慧說，如果你改變方向的原因得到良好的溝通，同時計畫具體可行，大部分的人自然會心悅誠服。這一則傳統智慧還有個下文：就算員工沒有自動產生心悅誠服，管理者只要讓團隊「參與」決策過程，決定哪些事情必須達成，那也足以收服人心。

可惜，這樣的直線思考並不符合現實情境。不管領導者將變革的原因溝通得多好、計畫多麼縝密周詳、甚至推動參與式管理不遺餘力，員工對於組織的新走向或不熟悉的政策泰半是不信不服——這才是他們的自然反應。

因此，無論是良好的構想還是方向的改變，管理者在付諸行動之前還需要收服人心的技巧——至少要能讓員工掙脫惰性法則的桎梏。這就是第三塊基礎磐石的目的。

# 7
# 智取「山頂洞人」
## 將組織內抗拒變革的勢力化解於無形

「山頂洞人」代表的是
對於一切都持抗拒態度的居民。
山頂洞人不僅把團隊付出信任、
嘗試新務的意願蠶食殆盡，
甚至為了不讓變革措施立足而毒害整個環境。
而你會從這一章學到，
如何將這股反抗力量化解於無形。
我們除了擬定既可保護又可提升士氣的計畫，
還會介紹若干戰術，
讓你見招拆招，
瓦解山頂洞人所有想像得到的攻勢。

要克服惰性法則、改進組織的執行成效，最有力的建言用簡簡單單六個字就可以道盡：「智取『山頂洞人』」。

在這種意涵下，「山頂洞人」代表的是一群：「對於一切都持抗拒態度的居民。」我們身體有免疫系統，不管什麼東西侵入體內，只要是新的、不熟悉的，它一概攻擊不誤。組織也有自己的免疫反應，對於任何新構想、新對策或變革的倡議，總會憑著本能和直覺加以攻擊。這些化爲人身的抗體（稱爲「山頂洞人」）不僅把團隊付出信任、嘗試新務的意願蠶食殆盡，甚至會爲了不讓必要的變革措施有立足之地而毒害整個環境。

拜他們對人心的打擊之賜，團隊的執行努力因而變得四分五裂，好好的點子或必要的變革就這樣虎頭蛇尾，失敗而終。

一如醫生爲病患進行移植手術之前要做準備，管理者也必須步步爲營，採取措施以化解山頂洞人在所難免的襲擊。這些措施必須在團隊的執行任務尚未啓動之前就做好規畫、付諸行動。

凡是新構想、新做法，山頂洞人一定會起而對抗，而你會從這一章學到，如何將這股反抗力量化解於無形。我們除了擬定一個既可保護又可提升團隊士氣的計畫，還會介紹若干戰術，讓你見招拆招，瓦解山頂洞人所有想像得到的攻勢。

在我們開始之前，你得確定你將這股威脅長記在心。我們不妨看看，當初 Home Depot 的山頂洞人如何對抗該組織必要的變革措施。

## Home Depot的改造工程

如果某個長踞暢銷排行榜的搖滾巨星某張CD賣得沒以前好，大家通常會感到吃驚。大可不必。這位搖滾明星經歷的其實是個很普遍的現象，稱爲「回歸到平均值」。回歸是個統計名詞，意思是：「極端的經驗往往會被不那麼極端的經驗中和而趨於平衡」。

在企業界，回歸的意涵則是：任何天縱英明的領導者也不能指望他們不同凡響的成功永遠持續下去。企業領導者要讓組織績效長保中上水準，唯一的方法是進行組織改造，換句話說，組織必須改變行事方法、精益求精，才能跳脫平庸。

Home Depot一直是企業界的搖滾巨星。一九七九年，亞瑟．布蘭克（Arthur Blank）和伯納．馬可思（Bernard Marcus）從一個擁有三家店鋪的小小事業起步，二十一年來敲打出將近二十一項的輝煌紀錄。他們開的一千三百多家分店個個成功，營業額從掛零昂揚來到五百三十億美元，一九九〇年代，平均每年獲利成長三成五。如果你在它股票上市之初買進一百股，經過這番匪夷所思的卓越營運，你那些股票現在大約值個一百六十萬美金。回頭去看它不凡的成就紀錄，你更會發現自從一九八五年後，《財星》雜誌千大企業績效表現超越Home Depot的還不到四十家。

然而，打從二〇〇〇年初開始，Home Depot的營業成長便逐漸趨緩，獲利腳步也隨之放慢。存貨堆積如山，管理彷彿失去重心，股價暴跌了百分之三十三。一家新的競爭對手

Lowe's朝著這位家居百貨零售業的龍頭極力追趕，雙方差距越來越小。

Home Depot的董事會適時看到了這個徵兆，公司無可匹敵的成功紀錄以及因此締造的超優投資報酬率雙雙面臨了衰退的危機。他們召開會議，決定請董事成員之一同時也是投資銀行家的肯恩・藍貢（Ken Langone）去找個新執行長來，期望他能讓公司改頭換面，繼續打造傲人的紀錄。

藍貢帶了一個很棒的人選回來：鮑伯・納戴利（Bob Nardelli）。

納戴利在奇異集團效力達三十年之久，每天早出晚歸，對付各種疑難雜症，表現一如奇異當時的執行長傑克・威爾許所言：「是本集團最好的營運主管。」他成功改造了奇異交通運輸和奇異發電系統兩家子公司，使得奇異發電系統的獲利在五年間增加了將近七倍。

納戴利曾經多次在變革有成的企業進出，對奇異這家舉世推崇的大企業的內部作業及法規也瞭若指掌，藍貢認爲以他的豐富經驗，很快就能帶領Home Depot超脫平庸，繳出不凡的成績單。董事會同意他的看法，雇用了納戴利。

納戴利一出手，就做了所有他該做的事。他不斷提出問題，剖析市場的優勢劣勢，分析組織本身，也分析組織文化。他定出一個高遠的目標，要求到二〇〇五年營業額必須加倍，獲利超過兩倍，同時鋪陳出一個清楚明確、能夠評量、有根有據、實際可行、符合時限（也就是ＳＭＡＲＴ）的經營策略。

他透過全員大會和個人晤談傳導他的策略，引進業經證明具有神效的新準則，以改善採購、營運、人力資源和管理制度。他以簡單、清楚、人人能懂的詞彙，強調所有這些變革都有它的緣由。「我們必須改變經營模式，」他說。「當初讓Home Depot賺到第一個五百億的方法，不可能再讓我們賺到第二個五百億。」納戴利捲起袖子，要求各路團隊加入改造行列，和他一起投入行動。

法國ＩＮＳＥＡＤ大學教授史畢羅・馬克里達基斯（Spyros Makridakis）曾經評論類似納戴利這樣的執行長其實有如以卵擊石。他說：「每一樁成功的企業改造，相對就有兩個失敗案例。」爲什麼？因爲大部分的管理者雖然已有面對重重阻難的準備，可是「組織本身對變革的抵制」才是更大的挑戰，馬克里達基斯結論道。

我們且來瞧瞧，納戴利面對的是什麼樣的抵制。

## 「山頂洞人」的說辭

就在Home Depot摩拳擦掌、準備將改弦易張的策略付諸執行之際，顧客的熱度卻降至新低，銷售更趨緩慢，股價跌幅更深。可想而知，這等於是給該公司的「山頂洞人」（對於納戴利試圖變革的一切都持抗拒的居民）提供了充足的彈藥。他們對準納戴利擬定的新方向，炮火猛開。

●各分店的山頂洞人開始傳播耳語：「納戴利根本沒有零售業背景」、「董事會付他的酬勞過高了」。

●「他的所作所爲都和我們的文化背道而馳，」一位已經去職的資深主管告訴《商業週刊》（納戴利上任的一年七個月內，爲了做到適才適任的目標，將原本的三十九名高階主管減至二十四名）。「士氣大受打擊，」一個也已去職的企業訓練師幫忙敲邊鼓。「跟以往舊人舊制比起來，員工的工作熱誠相差天南地北。」

●中階管理職位的山頂洞人則是在納戴利強勢的指揮掌控風格裡找碴。一家店長說：「東西不再是拿給你過目，他們是直接了當地告知你，要你照辦。」還有人抱怨，納戴利不懂得欣賞 Home Depot 舊法制度的神奇之處。「他沒辦法體會，」這群人埋怨之餘，還要求老東主伯納・馬可思回來重掌大位。

●華爾街的分析師也落井下石，大澆冷水。「他們的市場已達飽和，」一位分析師寫道，雖然 Home Depot 的市占率只有百分之十。「它的股票我不會急著去買」，另一個分析師結論道。

●一位已卸職的商品採購主管甚至將納戴利深思熟慮過的變革措施條列出來，以完全不合邏輯的歪理逐一駁斥，甚至還廣爲發放，人手一份。「紙上談兵，這些變革白紙黑字看來都有道理，」他在接受《華爾街日報》訪談時這麼說。「不幸的是，放在店面現場根本行不通。」

任何有過推動新計畫經驗的管理者都看過同樣的反應：公布後的變革措施若有任何負面消息，哪怕只是芝麻綠豆般大小，都可能讓那些冷眼的旁觀者和不願具名的員工爆出「撤退！」的大合唱。由於Home Depot在企業界具備搖滾巨星般的規模和名聲，這些山頂洞人的牢騷在在得到廣大的矚目。《經濟學人》對於納戴利無任必要的改革曾經冠以這樣的大標題：「自—己—動—手—做的災難」。《華爾街日報》也以負面的標題跟進：「五金連鎖名店在適應中掙扎……員工怨聲載道。」《財星》雜誌的大標題語帶悽涼地問：「Home Depot的舊日好時光可能重返嗎？」

這兩則負面新聞發布於二〇〇三年的第一季，也就是納戴利掌位的兩年後。可是要說店面營收或企業身價下滑這等壞消息和納戴利的改弦易轍有關，依然言之過早；再怎麼說，Home Depot的成長在新任執行長上台之前便已停滯。變革在執行和結成正果之間總會有段落差期，這個道理就算沒有物理學位的人也懂。說不定早在納戴利制定改造計畫之前的情勢便已醞釀了這些壞結果，只是餘波盪漾，在他上台後才發作出來而已。

媒體對Home Depot的負面評價充其量只是「山頂洞人的紡織機」的延伸，而這類攻擊是任何要求行動的管理者都應該預見到的：

- 山頂洞人攻擊的是人，而不是對方計畫的良窳。（例如，「納戴利沒有零售業背景。他拿的錢太多。他從奇異帶了一堆親信進來。」）

●山頂洞人善於利用一些聽來言之成理、但無從查證孰者爲因孰者爲果的「事實」。（例如，「員工的工作熱誠和以往根本沒得比。士氣低迷不振。不幸的是，〔納戴利的變革計畫〕放在店面現場根本行不通。」）

●山頂洞人暗示，營收一蹶不振、投資客紛紛出走是在納戴利動手改革之後，所以他就是罪魁禍首。（山頂洞人的高論最基本的一點是罔顧巧合，同時拒絕將產生成效所需的時間因素考量進去。山頂洞人喜歡這麼說：「這是你發動變革之後才發生的事，所以你的變革就是肇因。」）

藉由這番猛烈的負面攻勢，山頂洞人等於在爲他們這麼一個強烈情緒化的論點加油添料，以期瓦解納戴利在Home Depot的變革行動：「這個新政策看來風險太大。我們等著瞧好了。」

山頂洞人心裡明白得很，不管是透過警告、對管理者動機的質疑、行雲流水可是完全站不住腳的推理邏輯，只要說動夠多的人按兵不動，這樣的集體反抗一定會拖住任何變革的腳步，團隊的執行行動因此毫無立足機會，到頭來遲早會落得支離破碎。他們的希望是：同仁對變革的信心瓦解，一切依然順著原來的方向行進。

大部分的管理者都低估了山頂洞人的力量。他們認爲變革的需要是如此的顯見，只要計畫周密、溝通良好，員工的負面心態自然可以化解。可是這些經理人忽略了眞實的人性。山頂洞人的攻擊並不是以理性作爲依據。他們訴諸的是員工害怕改變的情緒，以及惰性法則下苟且偷安的吸引力。不要忘記，「如果一個人對於某個立場的堅持並非出於理性，你講再多的道理也不可能勸服他放棄那樣的立場。」

唯一的解套方法，是精準預知人類在這種情境下的感情弱點，智取山頂洞人。

## 納戴利擁有必要的配備嗎？

我們先來思考幾個關鍵問題。

- 在試圖轉變 Home Depot「放鬆又自由」企業文化的過程中，納戴利是否握有正確的診斷，知道自己對抗的是什麼樣的敵手？
- 戰端初起之際，他所選擇的戰役是否著眼於化解山頂洞人的負面攻勢？
- Home Depot 的分店眾多，他是否在各家的門牆內收服了夠多的「門徒」，足以反制無所不在的山頂洞人？
- 他有沒有讓那些層峰的核心人士（以他的情況而言，就是董事會和股東）嚐到進步的甜頭、感到進展的滋味，好讓他們對華爾街上的山頂洞人充耳不聞？

換句話說，納戴利有沒有足夠的法寶，以智取山頂洞人？

根據納戴利的自我評估，恐怕是沒有。「我或許低估了執行時可能面對的困難，」兩年前他的改造行動讓分析專家對其期望驟然落空時，他老實對《華爾街日報》這麼說。（二〇〇四年夏季，Home Depot離隔年目標還落後足足三百億，股價依然暴跌將近五成。）

千萬不要低估執行時可能面對的困難。現在你已知道，組織變革失敗以終的比例高達三分之二，其中一個重大原因就是組織的抵制——拜山頂洞人的攻擊之賜，員工對變革往往欠缺信服之心。

而雅南．夏瑪（Anand Sharma）已經彙總出一個簡單的策略，任何管理者，無論何等階層，都能利用該策略的四個步驟戰勝山頂洞人，贏得不可或缺的人心，使得新政得以貫徹。

## 夏瑪的策略

TBM顧問集團在雅南．夏瑪的帶領下，旗下八十八位專家在北美、南美、歐洲創下功績無數，是全球最成功的變革顧問公司之一。

TBM的使命是協助客戶改弦易轍，「變得精實」。「**精實**」是製造業界的一個術語簡稱，意指改變目前的生產流程，以減少整備時間，降低存貨，大幅提升生產力。公司一旦變得「精實」，競爭力自然水漲船高——效率激增，獲利昂揚，顧客和員工都快樂許多。

舉個例子。TBM的客戶蘭特科技（Lantech Company）一開始來找夏瑪的時候，是個身價僅僅三千九百萬美元的小公司，而且一直在嚴重虧損。等到它「變得精實」後一飛沖天，企業價值攀升至九千萬之譜。而令人驚異的是，它整個變革是在「員工人數不變」的情況下完成的。

培拉企業（Pella Corporation）也和TBM合作過。在合作的十年間，他們看到淨利翻了兩番，整備時間銳減了六成五，營業額不但激增兩倍半，同時得到《財星》雜誌肯定，被譽爲是全美工作環境最好的企業之一。

目前還在和TBM合作的First Data（西聯集團的分支之一）則已看到整備時間減少七到九成的成果，營利和獲利也分別有數百萬美元的成長。TBM協助過五百多家這樣的企業，平均每年爲它們提升了百分之十五到二十不等的生產力。

不過，TBM雖有傲人的白金紀錄（客戶回門率高達百分之九十八），對諸多客戶財務的改善也居功厥偉，夏瑪在動手爲一個企業進行變革之初，對該組織內部的反抗力量向來不敢小覷，因爲精實過程中策略方針的改變在所難免。TBM永遠從一個足以智取山頂洞人的策略作爲起步。「我非常努力，希望能化解他們的敵意，」他說。

「每個組織都需要非常、非常強而有力的理由去推動艱難的事務，」夏瑪說。「任何抗力都必須消融殆盡——而且，你得在那家公司的山頂洞人還沒來得及開戰之前，就讓整個團隊體會到驚人的改變。」

夏瑪提出了四個步驟和大家分享。經驗業已證明，這些步驟有助於你智取山頂洞人，收服更多人心。

1 用一個能令人驚呼「哇！」的事件，爲變革揭開序幕。
2 以閃襲戰術對抗山頂洞人（閃襲戰意謂變革行動的速度要快——快到山頂洞人猝不及防，沒有時間組織反抗軍。）
3 從公司的平民階層裡找門徒。
4 讓你的成功變革故事直達上聽。

## 1 用一個能令人驚呼「哇！」的事件，爲變革揭開序幕。

一如野火專家特意在森林火災之前放一把火以爲防堵，要智取山頂洞人，你也得制敵機先，以火攻火。

山頂洞人勢必會採取負面攻擊，「說服」別人卻步，不去執行變革。用一個能令人驚呼「哇！」的事件爲變革揭開序幕，就是製造正面的對抗力量，以抵銷那股負面的拉力。

「新官上任的第一把火是決定成敗的時刻，」夏瑪解釋。「十年後，那些人還會津津樂道：『我記得第一次實施的時候，燈光全亮了，每個人都哇的一聲！』就克服艱難和阻力來說，這一聲『哇！』是個舉足輕重的因素。這聲驚呼可以讓你排除萬難，」夏瑪說。

夏瑪還記得他初次執行豐田生產系統時的那一聲驚呼。「當時是一九七九年，我在美國標準公司擔任製造服務部主任。我在一場會議上聽到新鄉重夫（Shigeo Shingo）博士的演說，」他回憶道。新鄉重夫和大野耐一同爲豐田精實製造方法的創始人。會議過後，新鄉博士送給夏瑪一本書，說他如果喜歡他的理念，不妨試著做做看。

夏瑪回到美國標準公司的匹茲堡廠，眞的將這個理念付諸實行。「光是一個廠，我們的生產力就增加了百分之三十三，積壓的存貨也從五千四百萬美元降到一千八百萬，」他說。「這是匪夷所思、難以置信的進步。」換句話說，這是一聲「哇！」的驚呼。

下面是一張檢核表，其中包含的三項要點可以確保你的第一個行動就達到令人驚呼一聲的效果。

## □ 行動結果聽來應該像是廣告的大標題。

專案行動一開始，就要有個令人眼睛一亮的標題，就像瘦身業者找個女人來昭告天下：「七天內我就瘦了十磅。」

「我且舉個例子給你聽，」夏瑪說。「藍特科技是工業溶劑包裝的製造商，有一回他們要製作一部收縮膠膜的包裝機器，需要兩百多種不同的金屬組件，因爲每個零件都有一大堆種類。光是製作這些零件就讓十二個工人忙慘了，不停跑上跑下的。」

爲了讓精實策略起跑，藍特成立了一個小組。夏瑪告訴這個小組，「與其讓工人從早忙到晚製造兩百種零件，不如我們一套一套做——一次做一種。」

夏瑪知道，只要設法想出製作全套零件的方法，十二個疲於奔命的工人可以縮減到兩人即可應付。他想出一個標題：「人力減少百分之八十四！」

該小組埋頭苦想，終於利用精實技巧，將以往需要十二人的流程簡化成兩人就能做到。所有的人都驚呼出聲：「哇！」

而大部分的組織在著手專案之際光是一頭栽入，並沒有將「哇！」這個因素列入考量。這不啻是將大片江山拱手讓給山頂洞人。

人力減少百分之八十四，獲利多出一百萬，存貨流動率倍增，營業額平均增高五成——這些成果個個都可以登上大字標題，都可以爲你贏得那聲必要的「哇！」。在下回出手前，不妨針對專案目標寫下一個大標題，然後付諸測試，看它能不能製造「哇！」的效果。

### □「哇！」的驚呼事件一定要易於成功。

你還記得一隻小雞的寓言故事嗎？那個故事是說，小雞被一顆小小的橡實打到頭，牠立刻跑去告訴母雞、鴨子、白鵝、火雞，說天就要塌下來了。組織裡也一樣。依照山頂洞人的說法，每一個失敗都是天崩地裂的跡象。

這就是爲什麼夏瑪堅持在企業引進精實策略之前，一定要先鎖定某個易於成功的情境——在這種情境下，你的行動會非常容易達到你預期的成果。不過，要找到這樣的情境，你得先做仔細的分析。

夏瑪通常會帶著他的小組人馬走遍工廠現場，在製造流程中找出明顯浪費的現象，例如運送過程的不協調、不必要的等待、無謂的動作、生產過剩、多餘的步驟、存貨積存過多、爲修補本可預防卻未預防的瑕疵所浪費的時間。「我們會繪製一張圖，找出斷層的地方和癥結所在，」他說。「之後我們會拋出這樣的問號：『這個操作程序的精髓在哪裡？你們最基本的需要是什麼？』」經過這番仔細分析，小組再選定一個最有可能成功的挑戰下手。

大部分的經理人都太過自信，自認任何情境都能應付。他們忘了山頂洞人正潛伏在暗處蠢蠢欲動，看到任何紕漏就會鳴鼓攻之，昭告世人：「天就要塌下來了。」

如果你爲了測試新觀念而做了明知不可爲而爲之的事，不要以爲每個人都會欣賞你的勇敢。如果你一起頭就遭到挫敗，也不要以爲員工會有接受的雅量。最先呼應小雞的就是那些大頭們，員工是第二批。

## □ 別讓山頂洞人涉足於「哇！」事件

耶路集團的執行長比爾·卓勒斯當初進行企業改造，必須改變橫跨美國的三百多家貨運轉接站的工作系統。而每個地點都有夠多的山頂洞人，足以扼殺他的新構想。因此，卓勒斯並未選擇最近的貨運站開啓變革，而是找了個態度友善同時被他的團隊認可爲營運最佳的據點推動計畫：克里福蘭貨運站。

在友善環境的滋養下（這裡沒有山頂洞人），卓勒斯的變革很快就著地生根，欣欣向榮。「克里福蘭站的吞吐量（以每位員工處理的包裹數目計算）成長了百分之三十五有餘，」卓勒斯說。「這個一砲成功的案例使得變革計畫在整個公司得到開展；在沒有增資半毛錢的情況下，它的能量擴及了整個組織。」

聽來或許瘋狂，不過很多腦筋清楚也很靈光的經理人常會在計畫失敗後像個驗屍官解剖遺體般告訴我：「我早知道誰誰誰會是一塊絆腳石。」如果他們早知道某某人是干擾份子，爲什麼還讓他留在團隊？爲什麼還去選有這種人存在的地方做爲變革的據點？這些經理人似乎永遠學不會狐狸和蠍子的教訓：

蠍子在河邊走來走去，心想要怎麼樣才能渡河。突然間，他看到有隻狐狸正打算游泳過河。他於是問狐狸，能不能讓他跳到狐狸背上，載他過河。

狐狸說：「不行——要是我讓你跳到我背上，你會螫我，那我不就淹死了。」

蠍子保證不會。「要是我螫你，我也會跟你一樣淹死。」

狐狸就答應了。蠍子爬上他的背，狐狸開始游泳，到了中途，蠍子螫了狐狸。

狐狸感到一陣刺痛，等到毒液開始發作，狐狸轉頭問蠍子：「你爲什麼要螫我？現在你也要淹死了。」

「我由不了自己，」蠍子說。「螫人是我的天性。」

要小心，山頂洞人會在你的「哇！」事件中放毒——只因他們天性如此。千萬、千萬不要給他們機會。

在「聘僱正確人才」和「配合個人的生涯藍圖」兩章中，我們分析過必要的工具，可以辨識你的對手是什麼樣的人。請利用同樣的工具，找出哪些人具備典型的山頂洞人心態。把那些私心和你的變革方向背道而馳的人點出來，接著藉由面談和分析，找出哪些人樂於在你的專案中扮演一角，同時將山頂洞人篩除在外。

## 2 以閃襲戰術對抗山頂洞人

「岩田良樹是我的貴人之一，」夏瑪說。「當初公司指派了幾位總經理，要他們將豐田生產系統推行到豐田的第二和第三層供應商，他就是其中一位。只是上面告訴他：『你沒有二十五年的時間（豐田完成整個變革費時二十五年）』。他得在五年內貫徹實行。」

岩田於是想出一個他稱爲「改善閃襲戰」（也可以叫做突擊急襲）的點子。「Kaizen」（譯註：即漢字「改善」）是日本詞彙，意思是把東西拆開來，再用更好的方法裝回去。閃襲戰本意是「以突襲制伏」，因此，兩者合起來就是：「迅速而有力地將東西拆開，再用更好的方法組裝回去。」岩田的這種改善閃襲戰術只需五天就能讓生產力有所突破。利用這些原則，他縮減了在其他工廠施行豐田生產系統的時間——比起在豐田本廠的實施時間來，短減了百分之八十。

夏瑪還注意到閃襲戰術的另一個好處。「山頂洞人很習慣得到眾多矚目，」夏瑪說。

「他們之所以利用滔滔雄辯來打仗，一方面是因爲空閒太多，一方面是不習慣迅速行動。」

而拜改善閃襲策略之賜，夏瑪一開始就制敵機先，將了山頂洞人一軍。

夏瑪只給他的組員五天時間——在五天內，他們必須學習分析製程的工具、觀察目前的流程、設計全新的方法以達到長足的改善、落實這些變更、將成果報告給執行長知道。

組員聽到自己只有一天的時間進行全面觀察、找出哪些地方可以發揮更多價值、哪些不行，紛紛起而抗議。「我們需要時間研究，」他們告訴夏瑪。

「不行，」夏瑪告訴他們。「你們沒有時間研究。」夏瑪知道，如果讓他們研究個五、六星期，山頂洞人就有時間說動他們什麼也不做。這種招數叫做：「名爲分析，實爲癱瘓」。

夏瑪對他們說：「我們需要各位拿出比過去你這輩子更敏銳的觀察力來。我們會告訴各位怎麼做。」

「我們可以協助你培養『改善的眼光』和敏銳的觀察力，然後將常識和行動結合爲一。只需兩個鐘頭就能做到這一步，」夏瑪解釋。「這樣一來，即使我們失敗，也還有時間重新來過。」

每個破解過執行密碼的領導者多少都用過「緊迫性」這個要素。一位執行長稱之爲「採取重量級行動」，另一位說它是一種「破釜沉舟」的心態。耶路集團的掌舵人比爾・卓勒斯要員工加快物流服務的速度，可是他只給他們幾天的時間，而不是幾個月。時代華納先進服務研發小組的組長約翰・伯斯威克從聽到老闆抱怨：「爲什麼我不能在電話裡聽我的電子郵件？」到製作出「電話收聽美國線上」這項新興服務的原型，前後只花了三個星期。關鍵完全在於這些人是全心投入、邊做邊學、拒絕慢慢來。「事情一定要以這樣的速度完成，」夏瑪說。「這樣山頂洞人就沒有時間準備滔滔的論調，說：『這東西行不通，因爲我們不一樣。』你得在他們想出爲什麼行不通之前，把成果展現在眼前。」

## 3 從公司的平民階層裡找門徒

等到山頂洞人看到變革行動已經站穩而開始反擊，夏瑪也發動了他第二波的智取策略。夏瑪一向對他的企業客戶群強調，除非它們對員工做出不裁員的承諾，否則他不會和它們合作。因此，他每每從閒置人力中招募人馬，找來若干從生產力不夠好的作業中「解放」出來的員工，協助他進行下一回合的執行行動，例如，「他們可能成爲改善小組的一份子，或是被納入機動編組的人才庫，在有人缺席和休假時遞補幫忙。」

夏瑪解釋，這些被解放出來的員工不但不是年資最淺、能力最弱、學問最差的人，反而是最資深、最能幹、最有經驗、最多才多藝的一群。他們可以變成團隊的最佳推手，也是潛在的團隊領袖。

「這些人儼然成爲身負重任的大使，要將改善計畫的正面能量突破到組織的每個層面。敬畏於他們擁有的尊望和經驗，山頂洞人不敢說：『你不懂。事情不一樣。』也沒有對手敢散佈耳語：『我們試過，可是沒成功。』我們等於是從文化『內部』造就一股改變文化的力量，」夏瑪解釋。這些平民階級的擁護者具備以下的特色：

- 他們曾經親眼目睹所有的成功案例。
- 他們知道原本情況有多糟。
- 他們擁有內行人的知識，足以駁斥山頂洞人的論點。
- 他們的發言立場公正，沒有私心。

這是一記高招。用一群最有經驗、資格最老的員工生力軍，由他們來頌揚變革的好處，足以有效拆解山頂洞人的攻擊。

## 4 讓你的成功變革故事直達上聽

接下來，夏瑪闡釋了智取山頂洞人策略的最後一個元素。

「變革專案小組要做簡報，把他們完成的事蹟以及過程的來龍去脈，報告給管理層峰知道，」他說。

「你知道，到了第五天，每個人走路都輕飄飄的，」夏瑪解釋。「因為他們即將站在十到十二個高級長官面前做報告，包括企業執行長和組織各層級的高階主管。總部或許有人相信這件事做得成，可是專案小組這些員工的熱衷比起任何人來有過之而無不及。更何況，他們對於增加生產力的方法瞭若指掌，如數家珍。當老闆的心裡一定會想：『要是我有兩成的員工跟這些人一樣，言語那麼熱切、做事那麼賣力，我的問題一定個個煙消雲散。』

「通常小組知道要做報告後，有些人一開始會誠惶誠恐。他們會推辭：『我不喜歡演講。我不知道該怎麼說。』」可是夏瑪會告訴他們：「別擔心。只要說出你心裡的話就好。」

經過這場報告，所有的山頂洞人已完全敗下陣來。

草皮戰已是昨日黃花，屬下的功勞由資深主管攬下的時代已經過去，高階主管的藉口：「我們能怎麼辦？我們有工會掣肘」再也起不了作用。老闆親眼看到了不容否認的鐵證：只要善用公司既有的人才，組織就擁有無限的改善作業能力。

夏瑪說：「一旦企業執行長看到了員工在工作上啓動的能量、熱情、腦袋和潛力，」他算也算得出來，生產力保證會增加，投資報酬率保證會更好。他只要好好駕馭這股能量，瓦解疊床架屋的官僚就好。在會議結束之前，任何執行長都不會容許山頂洞人變成這些必要變革的絆腳石。

「你知道，」夏瑪說。「老狗還是教得會新技巧。」唯一的條件是：你得先通過山頂洞人這一關。

# 8

# 人人都必須放下

## 對抗心裡排斥新事物的本能

每個人體內都住著一個山頂洞人。
我們每個人都有堅持舊觀念、老方法的傾向，
對於變異總是本能地頑強抵抗。
這代表每家公司都有潛在的障礙，
因此，不管是什麼樣的新構想，
管理者必須做的遠不只是智取對手而已。
他們還必須讓旗下每一位同仁知道如何放手——
放掉對任何新或不熟悉的事物
起而攻之的衝動反應。

任何新事物都會遭到抗拒。事情向來如此。每個組織都有免疫系統，它的抗體會自動攻擊所有的改變。

上一章裡，TBM顧問集團的雅南・夏瑪將這些抗體稱爲「對於一切都持抗拒態度的居民」（山頂洞人是也）。夏瑪提出了四個戰術，既能智取組織的山頂洞人，也能贏得更多的人心。然而，對於身負貫徹執行職責的管理者來說，一場戰役的勝利只是開端而已。

因爲，每個人體內都住著一個山頂洞人。我們每個人都有堅持舊觀念、老方法的傾向，對於變異總是本能地頑強抵抗。這代表每家公司都有潛在的障礙，隨時準備在組織邁向執行的中途跑出來擋路。因此，不管是什麼樣的新構想，管理者必須做的遠不只是智取對手而已。他們還必須讓旗下每一位同仁知道如何放手——放掉對任何新或不熟悉的事物起而攻之的衝動反應。

我們可以透過培拉企業的故事學到這一課。培拉是夏瑪最早的客戶之一，是一家八十高齡的老製造廠。

## 一個沒有山頂洞人的公司

如果好萊塢打算對世人描述一個理想的現代組織（數千名員工和主管不但對一貫的做事方法欣然揚棄，同時懷著熱情朝著改弦易轍的方向邁進），他們大概不會選一個位於愛荷華州培拉市已經八十高壽的門窗製造業者。培拉市是個保守的中西部小城，十九世紀一個從荷蘭來的牧師創建了它，只因爲當地歸州政府管轄的荷蘭教會「不夠嚴格」。

可是愛荷華培拉市卻是培拉企業的故鄉，一個世界級的製造廠，專事生產高級窗種、擋風雪的板門、入口大門系統和陽台落地門。培拉也是世界級的典範，它展現了企業界最富生產力的兩個新觀念：精實的製造方法和不間斷的流程改善。從本書前面提過的它的事蹟來看，你一定已經知道，精實的製造方法和不間斷的流程改善對員工和經理人來說意味著不斷的改變。在一個「精實」的企業裡，不管你現在在做什麼、用什麼方法做，改變是早晚的事——而它寧可早也不要晚。

一年五十二個星期，一星期十到十二場會議，培拉眾多工廠和總辦公室的職員、生產工人、各級經理人都在「改善」某些行之有年的生產方法或操作程序。（提醒你「Kaizen」這兩個源自漢字的日本字意思是把東西拆解開來，再用更好的方法裝回去。）目前爲止，計有兩萬九千人（包括員工、各級主管、外界的合作夥伴）參與過這些改善過程。

分解公司的製造及管理流程，再以更好的方法組裝回去，十年來培拉藉由五千餘次這種拆解和組合，營運已然脫胎換骨。據《眞實的數字：某精實企業的管理會計》（*Real Numbers: Management Accounting in a Lean Organization*）一書兩位作者康寧漢（J. Cunningham）和費姆（O. Fiume）所言，培拉的訂單整備時間降低了百分之六十五，營業額倍增不只，獲利更高達六倍。一個同等重要的事實是：在獲致這些成就之餘，培拉同時也被《財星》雜誌評選爲全美最佳東家的第十二名，排名甚且在微軟、思科、英特爾之前。

和該公司的商業成就同樣令人刮目相看的是（其實這點應該最能吸引你的注意）：培拉不像大部分的企業，它能拆解所有的企業流程以達到更高的生產力，包括廠房現場、履行各種功能的行政部門，甚至總公司，既無官僚體制的干擾，也沒有老派經理人或員工的頑強阻撓。怎麼會這樣？培拉人對於變異不但不思阻擋，反而展臂擁抱。他們讓自己從山頂洞人搖身變成時代男女，創造了一家願意放掉過去、熱切履踐新觀念的企業。

## 培拉是如何學會放手的？

培拉企業的現任執行長是梅爾·洪特（Mel Haught），他於一九九三年參與培拉第一個改善工程的時候，職務是製造部的副總。洪特當下就看出來，要將這個一舉成功的案例轉變為長期的競爭優勢，最大的困難不是拆解工作流程、腦力激盪出重大的改善措施，甚至也不是讓大家對變革之議更加信服。它最大的挑戰，在於讓所有員工不再執著於舊觀念和老方法。

「我們發現，我們非放手不可，」洪特說。

洪特決定以身作則，率先轉變自己的心態。

首先，「我必須放下這個觀念：老闆必須是房間裡最聰明的人，」他說。

如果老闆相信他必須是大家心目中最聰明的人，套用洪特的話，他們很可能會「劫持整個對話」。開會就是一個鮮明的例子。一心認定自己最聰明的主管跑來開會時，心中對於討論主題的結果早有定見。他們會以微妙（有時也不夠微妙）的方式讓與會者知道他們該說什麼話、該怎麼想，例如部屬發言時猛看錶、看到某人將討論帶離主題時現出惱怒的神情、不斷對部屬發出有如警誡的「不要這麼做」的評論。

洪特知道，只要那些主管拋開自尊而不再挾持對話，他們會發現公司各個階層都能貢獻極爲寶貴的意見。

培拉的改善小組跨越各種功能部門，以對角線切過組織的層級。小組成員包括高階主管和時薪工人，既有目前身在製程中的人，也有從來沒踏進工廠現場的人。洪特認爲，這樣的安排委實令人視野大開。「假設我們的目標是要強化某個流程，聽聽那些毫無實際經驗的人所表達的意見，確實有助於流程的改善。那些缺乏經驗的人會問一些很『笨』的好問題，例如『爲什麼要那樣做？』這眞的可以釐清很多隱而不顯的成見與假設。」

仔細聽「笨」問題之外還得對那些先入爲主的想法重新思考，很多主管會因此發火，可是洪特不會。「幾個領時薪的工人曾經提出過一些最好的意見，」他說。他只要做一件事就好，那就是：放下「老闆必須是房間裡最聰明的人」的觀念。

洪特先讓大家看到他放下自尊，其他人也隨之放了手。

第二，他說：「我必須放下對完美的要求。」

每個人都希望得到完美的答案。一而再、再而三回頭去探究某個主題，似乎是浪擲時間。山頂洞人深明此理，因此拋出很多的「要是如何如何」，目的就是說服團隊在將某個解決方案研究透徹（研究到死）之前別去嘗試。

山頂洞人知道，不斷問「要是如何」有嚇阻作用，足以讓別人閉上嘴巴。「要是如何」的問句其實是棉裡針：「你最好已經有完美的答案，要不然你可糗了。」這些問句就是特地爲扼殺團體討論時常有的新穎想法和跳脫框架的見解而設計的。

它的運作是這樣。某個與會者提出一個想法，山頂洞人立刻描繪出一個情境，然後拋出這樣的問題：「要是這樣的情形，你如何解決？」如果對方答覆這個假設性的問題無法令人信服，他們就會想，自己應該先考慮到所有的潛在問題（這可能要花上一輩子），否則就該藏拙才對。無論什麼人做出變革之議，山頂洞人都會利用這一招讓對方卻步。

而放下完美主義的心態之後，提議變革在培拉變得容易多了。「以培拉現在的風氣，」洪特說。「比起你做了一些事但稍後必須回頭多做一些變更，什麼都不做更不可取。」

這使得洪特放下了另一個陳腐觀念。

「我必須放下我對失敗的看法，」他說。

如果有人問洪特，「你們有沒有哪個改善事件並沒有將潛力發揮到極致？」他知道那人的意思是什麼。一個微小的挫敗可以否決所有的新構想，這是完美主義的心態之一。難怪山頂洞人要四處搜羅變異失效的例子，而對多上十倍甚或百倍的成功事蹟視而不見。

山頂洞人拒絕承認，一個杯子可以裝半杯水就好。有人問洪特可曾失敗過，他爲這兩個字下了一個新的定義，特意強調放下的觀念。「你是問我們有沒有哪個改善計畫並沒有達到百分百的預期成果？當然有，」洪特回答。「不過我不會用這個來定義失敗。」

洪特會這樣修正問句：「我們有沒有哪個改善計畫不曾帶來長足的進步？」而他的回答是：「絕對沒有。」

「你必須放下狹隘的成功定義，」這是洪特的結論。他說，因爲放下了狹隘的定義，「我們領悟到，即使大家必須回到同樣的流程重新研究個五、六回，改善計畫依然是成果豐碩。」

洪特願意以身作則，再加上十年來依循改善準則的貫徹執行，今天的培拉是個沒有山頂洞人的企業。無論是舊有的作業流程還是過時的做事方法，他們一概放手，毫不遲疑。

而要是你效力的東家並未實施改善準則，或是你的長官上司無論如何就是不肯放手呢？你有沒有其他辦法可以轉化貴組織的山頂洞人習性，讓它變成一個本能上樂於放下舊我的團隊？

我前年接了一個案子，我從中學到了一個極爲有效的方法。它有助於員工脫胎換骨，讓他們從山頂洞人變得成熟開放，而且無分男女。

二〇〇三年秋，一家名列《財星》五十大的知名企業打電話找我幫忙。他們需要新穎的點子以刺激成長；外界情勢變化很快，他們內部的人腳步卻很慢。我很熟悉他們的產業和顧客群，立刻想到許多可以和他們分享的點子。

這時我憶起凱因斯的名言：「閃躲舊觀念要比研發新點子更困難。」於是，我捨棄和客戶一同腦力激盪出營業提升的方法，反而採取三個步驟教他們的員工學會放手：

步驟一、我和他們的主管對話，舉實例說明哪些企業和產業在該放手時卻仍緊握不放。

步驟二、我告訴他們一個馬來人誘捕猴子的故事。

步驟三、我請他們寫張清單，列出他們希望放下的東西。

接下來，我請他們分成十二人的小組，天馬行空想像，如何創造更多的成長。一小時後，每一組都將結論呈交給主管。層峰聽到了盈耳的「好」點子，宣布我任務完成。我一點也沒把「我的」新點子告訴他們。他們從我這裏得到的，只是一場攸關放手的討論而已。而這樣就夠了。下面是那次討論會議的完整大綱。你可以拿它當個參考的樣板，自行設計一場會議，以幫助你的屬下放下山頂洞人心態，轉變成一群樂於信服新觀念而且毫不遲疑投入行動的生力軍。

## 步驟一、教你的團隊放手：從對話開始

對話的開展可以從與部屬討論負面效應開始，讓他們知道若是繼續抱持舊觀念、因循山頂洞人習性、抓著疲態畢露的產品及服務不放，會有什麼樣的不良影響。下面是三個很好的討論範例：

(1)一九八五年，戴爾走出實驗室模式，成爲當今全球個人電腦市占率首屈一指的龍頭企業。它既沒有發明更快的處理機，也沒有新的硬碟上市，它是怎麼辦到的？戴爾採行的是一種及時生產和直接行銷的策略——它把產品直接賣給消費者而不透過零售通路，客戶因此節省了不少銀兩。可是早在戴爾在業界獨霸一方之前，他們這種策略便已明顯可見，所有的競爭對手不但看得到，也都隨時可以複製。那爲什麼康柏、蘋果、IBM或是其他的電腦大廠不也複製戴爾的策略，重新檢視一己的經營模式，思索如何替顧客省錢，以改進自己的競爭地位呢？因爲，戴爾的競爭對手放不下它們慣用的生產和配銷模式。

(2)「這不是你父親的奧茲莫比（Oldsmobile）嗎」？還記得這則廣告嗎？通用汽車砸下數百萬美元，試圖讓這個百年品牌起死回生。可是美國民眾早就斷定，這種車並不是他們父執輩開的車——是他們的祖父開的。在通用大打廣告之前，這個名字早已死寂多年，而其他的通用車款對這筆錢卻是望穿秋水而不可得——它們都需要資金來提升營運。爲什麼腦筋最靈光的管理者每天接觸到最聰明的顧問、也看得到市調，卻把那麼多白花花的銀子扔進一個搖搖欲墜的產品線？因爲，通用的決策者放不下昨天的金雞母。

(3)大英百科全書曾經是出版界的一顆寶石。想當年，這一套成本兩百五的書可以賣到一千五。一九九〇年，它的出版商就靠著這些誘人的超高利潤，賺進了六億五千萬美金。可是，不出幾年，半數以上的買主都不見了，轉而選擇內容遜色得多、裝在新電腦裡的CD－ROM版本去了。大英百科全書一定知道這種事遲早會發生。他們的研究顯示，顧客購買大英百科全書，並不是要買裡頭的六千五百篇文章和兩萬四千張照片、圖樣和附圖，而是基於一種想法：他們是投資於「對小孩有好處的東西。」那爲什麼這套百科全書沒有察覺九〇年代所謂「對小孩有好處的東西」已經變成了電腦，然後將自己的百科全書轉換爲數位版本，灌注在自己的電腦裡、留住自己的顧客呢？因爲，大英百科全書的業務群放不下每本高達五百美元的佣金，而管理階層也不肯放他們走。

這三個實例描述的都是一家公司或一個產業在應該行動時卻動彈不得的情境，而原因只有一個：它們放不了手。這些並不是理性的決策。大家都被一種原始的本能套牢了，只是管理者看不到，組織也看不到。

前面說過，如果一個人堅持某個立場並非出於理性，你講再多道理也不可能勸他放棄那個立場。要說動他人放下這種非理性的堅持，最好的辦法是將這股不理性的衝動以適切的視角呈現出來——這股足以致人於危殆的衝動我們進化史上的表親（猴子是也）也有。

## 步驟二、被本能而非羅網套牢

新加坡一座小小的離島上，有個四星級的度假村，裡頭有個新建的頂級高爾夫球場。這個球場的設計人是一位享譽國際的高爾夫名將，以壯闊的視野和絕佳的景觀爲特色；前九洞俯瞰南中國海，後九洞與鬱鬱蒼蒼的印尼雨林爲鄰。

球場開張後不久，一群金絲猴跑到第十五洞旁的紅樹林做起窩來。牠們並不傷人，只是偶爾會爬下樹來抓走一顆球，或是跑到沒人看管的高爾夫球車上撒野。可是管理單位認爲這可能會演變成更嚴重的問題，決定把這些可愛的小搗蛋驅逐出球場。

他們聘來一位專家，建議用食物將猴子誘下樹來。專家說，趁著猴子大啖美食之際，他的屬下可以撒網罩住猴子，然後裝進籠子，替這群猴子在小島的遠端另外安置一個家，就可以解決問題。

可是當有人問專家，這樣做安不安全？是否符於人道？專家的回答是：這種誘捕行動通常會有一半的猴子死亡。

「大家都知道，」他說。「猴子非常神經質，很難全部活捉。」

該度假村一位馬來西亞籍的經理提出另一個點子。他的祖父曾經利用「馬來式的猴子圈套」把猴群趕出村莊的果園。「我祖父說，這種馬來式圈套捉到的猴子向來是活的，」他告訴同事。接著開始解釋圈套的做法。

「我祖父會收集幾個窄口的大陶甕，放在猴子看得到的地方，」這位經理說。「然後在每個甕底丟入一些有香味的水果和好吃的堅果。誘餌做好後，我祖父就躲起來等候。

「沒多久，好奇的猴子會從樹上爬下來，看我祖父留下了什麼東西。牠們聞到愛吃的水果的香味，就會伸長手臂，從甕底抓住一大把。」

圈套於焉啓動。這些猴子的拳頭因爲抓滿了堅果和水果丁，很難伸出狹窄的甕口，而大甕又太重，移動不了，所以這些動物像是掛上了手銬，動彈不得。經過幾分鐘的掙扎和喊叫，這些靈長動物慢慢馴服下來。「這時候，」馬來籍經理的故事說到了最後。「祖父就會輕輕地逐一把猴子關進籠子裡。」

「我不懂，」另外一位經理說。「猴子爲什麼不把堅果放掉，那樣不就自由了嗎？」

「因爲本能，」馬來經理回答。「猴子這種動物，只要有喜歡的東西在手，說什麼也不會放下。」

## 步驟三、小組練習：管理者身上常見的四個猴子圈套

企業組織和經理人不會被水果和堅果套牢，但往往會落入蒙眼罩、安樂窩、聖牛和沉入成本的圈套。

你不妨請他們針對這四個項目一一舉例，看貴公司有哪些這樣的圈套。

### (1)蒙眼罩

每個生意人對於業務、產品和人都有一己的信念。當他們將信念付諸考驗，會發現何者正確、何者錯誤，隨即據以修正。可是，如果成功接二連三而來，這樣的循環就會中止。信念變成教條，經理人有如戴上了蒙眼罩，即使那些信念再也無法奏效，他們也不會看到。

美國線上就是一個極佳的例證。西元兩千年由時代華納併購之後，許多困滯難行的事實便已呈現端倪，終至一年多後變得一發不可收拾。例如，廣告部門經理雖然傳遞出「很多廣告商不再回籠」（不願意再簽下數百萬美元的贊助和廣告契約）的訊息，層峰就是很難聽進耳裡。高級主管們全都閉上眼睛、掩住耳朵，沒有人設法去解決問題。美國線上因此付出了昂貴的代價。根據《華爾街日報》報導，二〇〇一年它的廣告營收是二十一億，翌年跌到十三億，隔年又下滑了百分之三十五到四十五。

柯達也是一個很好的企業案例。靠著創意、努力和幸運，柯達曾經在攝影業界呼風喚雨，獨占鰲頭。一九八一年，美國和加拿大每賣出十捲底片，就有九捲是出自這家總部設於紐約羅卻斯特的製造商之手。

可是，隨著八〇年代進入尾聲，「過去慣用某種方法做事而大獲成功的主管們連考慮改用另一種方法的想法都不敢有，」曾經在這家企業投入二十餘年歲月、現任耶路交通公司掌舵手的比爾·卓勒斯說。

這樣的蒙眼罩令卓勒斯憂心忡忡。他知道，任何市占率九成以上的企業只有一條路可走，那就是走下坡。

卓勒斯告訴他的朋友，也就是新上任的執行長，喬治．費雪。「不要低估這家公司的文化。它強大得令人難以置信，簡直是不動如山。」可是費雪並不覺得那股力量有這麼強。三年後，費雪告訴卓勒斯，說自己「眞的是低估了它。」一九九七年十月號的《商業週刊》報導，費雪始終無法改變那一大群中階經理人。西元二〇〇〇年，費雪離開了，而蒙眼罩留了下來。

二〇〇四年，柯達自承，他們沒看到（又一個例子）消費者這麼快就轉向不需底片的（數位）相機。它宣布了另一波更大規模的裁員，股利驟減百分之七十二。這一年夏季，柯達的股價幾乎跌到了它一九八二年起步時的水準，同時也被道瓊工業指數除名，不再被納入計算的指標企業。

### ⑵安樂窩

每家企業都充斥著陳年舊規和慣例做法。只要針對作業流程翻新整理一番，所有企業都會蒙受其利。遺憾的是，這種事通常不會發生。大部分的組織都有一股不理性的衝動，只想待在自己的安樂窩裡。

某家大型零售業者的主管想要改善報表的格式。我們來看看她在這個小小變革上的遭遇。「我們每星期都要做出幾份總結報告，可是其中有一份我的屬下老是無法在上面找到需要的資料，」這位身兼副總和部門經理的主管解釋事情原委。「所以一個同仁就從另一個部門拿了類似的報表來，然後根據我們部門的需求做了修改，希望它能提供我們需要的數據。」她將新的表格列印出來後，發現問題迎刃而解。新格式很快就傳遍整個部門，兩個星期後，每個人都在用它。「我們都好興奮。現在，我們需要的數字等於就在手指尖上，」安妮（非眞名）說。

可是這股興奮很短命。安妮團隊將這份報表拿去和另一個部門分享，不幸的是，該部門的副總卻拒絕放棄舊規。「你將這些數字報給我們的時候，一定要用原來的格式，」她接到修訂版的報告後劈頭就對安妮說。「你剛才交來的東西沒有足夠的資料。」

安妮很是氣惱。

要知道，安妮身處於一個過去二十年來對外界變遷反應慢如牛步的產業，爲此它已付出昂貴的代價。她的東家和其他曾經叱咤業界的同業已被新起的對手鯨吞了市占率，唯一的原因就是那些新公司創新求變的速度比它們要快。爲了因應，她東家的管理階層自一九九八年起就做出宣示：今後組織的第一要務是求新求變、更具創造力和挑戰性。該公司寄給股東的年度報告都有附函，下面是從中摘錄的幾段話：「爲保持領先地位，本公司必須不斷應變，與時並進」（一九九八年）；「致力於創新」（一九九九年）；「本公司會以審愼態度採取風險行動，不會什麼也不做」（二〇〇〇年）；「枯站於原地，哪裡也去不成」（二〇〇一年）；「搜羅新點子，尋求新觀念」（二〇〇二年）。

爲了落實這些期望，安妮非常努力。她積極轉變團隊的心態，鼓勵他們迅速應變，尋求每個增進生產力的機會。

因此，安妮很高興看到這份改善的報告格式出爐，而她的部屬願意自動自發，主動對某個流程創新求變，更令她雀躍不已。可是現在，她這位同僚的冥頑不靈卻成了一股威脅，讓她的團隊接收到錯誤的訊息。

安妮決定和那位副總好好談一談，希望動之以理。「或許我就這樣把新格式拿出來是過於唐突了，」安妮想。「只要我將我們的想法告訴她，解釋這份格式爲什麼可以成爲公司整體目標的後盾，她會改變心意的。」

她傾聽對方的批評，說新格式是漏掉了某些數據。「不過，舊格式上雖然有那些資料，但多半都沒用上，」安妮耐心解釋。「新格式可以讓我們每週的例行決策更快速也更準確，好處超過偶爾對那些額外細節的需要，」最後她說。「而且，你們部門的人好像也是這麼認爲。你的秘書才剛跑來告訴我：『你們用的報告比我們的好。』她還要去一份，說是要拿到你們部門去用。」

可是這個老古板主管依然不打算放掉她的安樂窩。「以前的報告比較好，」她告訴安妮，就這樣打發了安妮，結束了討論。

於是乎，直到現在，安妮的助理每星期還是得花好幾個鐘頭將數據塡回舊表格——僅此一份，純粹給那位老派的經理人過目之用。這位主管傳遞給大家的訊息昭然若揭：「在你動手改善任何事情之前要三思。它不値得你費那麼多心神。」

### (3)聖牛

卡洛琳是一家電子公司的首席會計師。她是典型的老派主計人員，不管是文書上的小小疏漏還是顧客不同於一般的要求，通常都會讓她老大不高興。而她也有不典型的地方：對於會計世界以外的任何人都視若無物。在她眼裡，業務經理是專門來找碴的，所以對方的任何要求只要不符程序手冊，一概被打以回票。可是，當某位高層主管被告知他訂定的營收加倍的目標因爲她而受到阻礙，這位總裁卻說：「你去想辦法。她得留下來。」要知道，卡洛琳進這家公司已經二十年，儼然已成一頭聖牛。

比爾・卓勒斯離開柯達後，虧損嚴重的耶路交通公司聘請他進門力挽狂瀾。卓勒斯知道，耶路必須有所改變。他的想法是：改變要從清除總公司所有的聖牛開始。

卓勒斯挑了十位主管，請他們爲他找出總公司所有的大老來。「現在，」他告訴他們。「我們來分組。這就像美國足球協會的選拔制度。告訴我你希望哪些人分到你那一組，我們來平衡一下。」第一個提出來的名字，是人力資源部門一個已經做了二十年的職員。

卓勒斯告訴這群主管，他們必須把那群聖牛挑出來。「傑克，你第一個上場，」他宣布。「如果你不能用兩句話說出一個具體的理由拒絕這傢伙進入你那一組，我就把他分給你那組！」這樣就夠了。閘門大開，傑克堅持到底：「我就是不要他，」他說，理由是那個人力資源的傢伙做事超沒效率。

下一個人名出現，卓勒斯看到大家紛紛低下頭去盯著自己的鞋子。「泰德？」他開始點名。泰德知道該來的遲早要來，立刻說：「我不要他來。」接著泰德解釋問題出在哪裡：那傢伙和群體老是格格不入。

不出多久，大家把總公司的聖牛群全都找了出來。

「我們確實有了突破，」卓勒斯回憶道。「每個人都看得出來，這是眞正生死交關的事情。我們不是在玩遊戲。我們必須找對的人上車，讓不適合的人下車。」放掉聖牛之後，耶路猛然啓動，開始了它脫胎換骨的歷程。

聖牛不僅存在於幕僚職員、顧客當中，連供應廠商裡也有聖牛。要判定哪些人屬於聖牛，你得自問：「假設我們必須從頭開始，什麼人永遠是紋風不動？」這份名單會告訴你，哪些人是你應該放手可是你依然緊抓著不放的人。

### (4)沉入成本（Sunk Costs）

沉入成本，是一種由談判策略衍生而來的觀念。

它形容的是這樣的情境：某個生意人願意接下一筆不划算的生意，只因爲放不下面子。也有人說，企業高層投資失利後繼續砸大錢，也叫做沉入成本。

它的運作是這樣。想像一個建築包商，出門去爲一樁新的交易進行估價。他花了好幾個鐘頭問問題、答問題、測這個、量那個、寫提案，又花了一星期的時間電話追蹤，可是都沒結果。他因此悟道，既然客戶沒有半句承諾，再付出任何努力都是白費。可是之後新的機會上門，他同樣花了一星期回答新的問題、做了四次估價、遞出好幾個提案，一面告訴屬下，這份新工作就要到手。在投入許多的時間和力氣後，如果客戶終於點頭，可是開價根本不敷工程成本，他還是可能接受。「再怎麼說，」他會這麼想。「我花了這麼多工夫，我可不希望白費力氣。」那些工夫就是沉入成本，他不可能拿得回來。他只能設法保住顏面。

爲了和高盛、美林、摩根史坦利這些大型全球投信業者競爭，歐洲銀行花了一大筆錢建立大規模的證股作業。麥肯錫顧問公司倫敦分處的查爾斯・羅斯伯格說：「這證明了某些銀行非常不能面對這個策略的現實：要談競爭，他們根本毫無勝算。」

爲什麼?羅斯伯格說，原因出在不肯認賠。「他們情願多花一千萬去完成一個已投入一億、非常不符經濟原則的計畫，也不願意把這一億元沖銷掉。」當然，羅斯伯格非常清楚，不出多久，整筆一億一千萬都會被當成損失沖銷掉。換句話說，它會變成沉入成本。

即使是最精明幹練的企業總裁，也會陷入沉入成本的圈套。

一位執行長派出她旗下最好的人才去解決一樁很有問題的企畫案，只因爲這個爛計畫是由她親自首肯過關。一位高階主管堅持業務部要繼續賣東西給老客戶，即使這項服務的成本高於所得。某個企業總裁拒絕放棄曾經紅極一時的賺錢產品，雖然多年來它已經江河日下。凡此種種，都是被滿手的沉入成本套住了。

唯一掙脫圈套的方法，是學會放手。

# 9
# 建立一支「熱」團隊

## 營造高昂的士氣與行動力

「熱」團隊的成員喜歡上班、樂在工作、
而且只願意替你賣命，不願替別人效力。
這意味著他們缺席率低、肯於自動自發、組織忠誠度高。
這三種結果既非不切實際，也不是過度的理想。
組織心理學者哈瑞．李文森教授指出：
「如果你管理有方，
能夠讓員工心理〔以及生理〕得到滿足，
你就能營造高昂的士氣。」

你該知道什麼叫做「熱」團隊吧？說不定你這一生當中不只進入過一個。或許你不認爲它很「熱」，也或許你已經忘了它。下面這則小故事，或許能勾起你的記憶。

一九七二年，我需要錢上大學，所以我在加州山景市一家新創立的科技公司找了一份清潔工的差事。我被分派在白天班。

有一天，廠長說要見我。「那些領班、工程師、生產工人都很喜歡你，」他說。「我們在找年輕人加入行列。你想不想成爲本公司的工程技術員？」

不到一星期，我就被雇用了。這是我平生第一份正職。以前我只替人加過油，要不就是掃地。而今，我得爲蝕刻矽晶圓而將危險的酸劑混和在一起，也要在製造MOS晶片之前先檢查工業鍋爐的超高溫度。有一次，我將兩種不該混在一起的東西倒入下水道。這個錯誤引發的氣體把我送進了急診室。

不過，我記憶最深的既不是專業知識，也不是我闖的禍。在我記憶中眞正鮮明難忘的，是我每天到公司上班時那種全身散發著能量的感覺——我一直試圖在我後來的每份工作上複製這樣的投入。

工廠裡的日常情緒高得難以想像。它是個生產線型態的工作場所，不同房間的人不斷做著同樣的工作，一遍又一遍。可是，好像沒有人覺得無聊。每個人都對自己的工作興致勃勃，對彼此也是。他們談工作：品管、破損比例、公司大致的情況；也談典型的私人話題，或在午餐時段，或在休息時間，甚至下班後在本地的啤酒屋裡。

有時候，公司會在星期五開個派對，主管們繫上圍裙，翻烤一下午的漢堡和熱狗。夏天晚上舉辦的壘球賽，所有人都不缺席。我們常常成群結隊，浩浩蕩蕩去吃午餐。資深經理人、高學歷的專業人、行政職員、藍領工人，輕而易舉打成一片。即使這份工作要求嚴格而且每天都有突如其來的挑戰，我從來不抬頭看鐘，對於手上的任務也從來不吝於嘔心瀝血。我甚至跑到圖書館去查工廠用到的化學及電機工程原理，好讓自己更了解我們在做什麼。

一天，一個工程師主管（不是我的上司）把我拉到一旁。他剛聽到我說了某個第一線工人的一些刻薄話。他告訴我：「喂，這裡每個人貢獻都很大。如果他們不夠好，不可能留在這裡。我知道你是開玩笑，不過以後別讓任何人聽到你說那樣的話。」我很驚訝。我眼前的人是個主管，他不是我的老闆，也不是生產線工人的老闆，卻能照顧到某個按時數計算薪資的基層工人的感情。而且他對我也有足夠的關心，才會諄諄教誨我要尊重他人、珍視團隊裡的每個人，而不是對我大吼。

等我存夠了大一的學費，我告訴我的經理，我很抱歉，可是我必須離職。他和他的老闆都要我留下（公司有學費補助制度，他們建議我去申請），或者至少畢業後再回來。我的回答是：「謝謝，可是我不能。我有別的計畫。」

那時候，我以爲所有的現代組織都是這樣：友善、開放、具備不可思議的團隊精神、雖是精英領導，但專業博士和藍領工人相處無間、大家賣命工作卻樂此不疲、總有一些好玩的事值得期待。

老天，我錯得多麼離譜！當時我並不明瞭，我其實是在歪打誤撞下進入了企業史上最「熱」的團隊之一。我離開後不久，那家小公司一飛沖天，成爲科技界的一顆搖滾巨星。可是早在一九七二年，英特爾沒沒無聞。

「熱」團隊是一個工作有趣的地方，有趣到每天結束之後，你會等不及明天到來。「熱」團隊是一個以更少的時間做到更多事情的地方，不必任何人扯著喉嚨發號施令，也不必有主管掐著團隊的脖子緊迫釘人。

在一個「熱」團隊裡，犧牲奉獻大體來說是小事一樁，你會賣命工作，卻不覺得像在別處那樣，力氣彷彿在一點一滴流失。問題不必驚天動地就能解決，不過這倒不是因爲團隊永遠意見一致——若有爭執，「熱」團隊會像成人那樣開誠布公討論，很快便前嫌盡釋，達成共識。

「熱」團隊的精髓是：什麼人進入團隊都不重要——不管是意志力超強的個人、心腸柔軟的和事老、天馬行空的創意人、一絲不苟的老古板、老鳥還是新手，即使是最多元的組合，「熱」團隊就是有辦法讓每個人各得其所，貫徹最大程度的行動力。

這是因爲「熱」團隊的士氣高昂。拜這股高昂的士氣所賜，「熱」團隊創造了一種惰性法則無法著力的環境，你很容易就能讓大家心悅誠服，而且持之長久。

現在，既然我觸動了你的回憶，我的大哉問是：「你知道如何讓自己的團隊『熱』起來嗎？」

# 一個專門創造「熱」團隊的「酷」經理人

每當製造廠商面臨巨大的挑戰，例如眼前出現了一個絕佳機會，因此亟須最佳創意和最快行動之際，他們就會打電話給ＩＤＥＯ，一家以矽谷爲基地的設計公司。

ＩＤＥＯ曾經爲三千多個特別專案和創新計畫提供絕佳創意，日常事物中每每看得到它的影子，例如蘋果電腦的滑鼠、Palm V的ＰＤＡ，耐吉Ｖ—１２型太陽眼鏡、歐樂Ｂ兒童牙刷。他們也做不尋常的企畫案，例如有視訊裝置的模型潛水艇、容易到六歲小孩也知道如何救人一命的電擊器、以及一人便可操作，以腳踏板啓動，在未開發國家用來灌溉農作物的打水幫浦。

不過，這個充滿創意的公司令人印象至爲深刻的創作，是他們創造職場士氣的獨門配方。ＩＤＥＯ發明了一種創造「熱」團隊的方法，而且可以根據客戶的需求量身打造。

湯姆．凱利（Tom Kelly）是ＩＤＥＯ的經理人之一，是個很酷的傢伙。他身材高大、親切和善，冷靜沉著，腦袋就像剃刀一樣敏銳。他隨時樂於傾聽，也隨時侃侃而談，所以從他身上很容易學到東西。

凱利深諳創造「熱」團隊之道，不過這個知識並非來自研討會或是大學課堂。「我們是從實戰壕溝裡學到的，」他說。「就是那種『嗨，這個有效耶；老天，那樣做可眞笨；可惡，以後千萬不要這麼做』的過程。唯有你眞正投身在做，你才可能學到這種東西。大部分的專家是先有一般法則，再運用到特例上，而以我的了解，『熱』團隊正好相反。我們不會按部就班地去研究變數，我們只是造出一個原型來，如果它眞的有效，我們會注意到，然後繼續用下去。」

這是務實的智慧，也是任何管理者很容易運用於「熱」團隊上的眞知灼見。爲了說明他的模式，凱利列舉了一些「熱」團隊應該避免的事項以及必備的要件。

## 「熱」團隊的禁忌事項

### 1　避免被規矩綁死。

理性設限和人才控制或許必要，可是組織往往將它們延展到荒謬的地步。結果組織被規定綁得死死的，工作不僅毫無激勵可言，甚且令人怒從中來。

「我有個朋友，」凱利說。「她去一家法律事務所上班。有一天她進了辦公室，用釘子掛上一張海報。海報很漂亮，是藝術作品。可是不到一小時，就有人進來將它拿下來。」對方告訴她，她違反了規定。「『第一，我們這裡不准用大頭圖釘，』辦公室經理帶著屈尊紆貴的笑容說道。『第二，所有的藝術品都要經過藝術委員會的審核。』」

任何會用腦子思考的經理人都看得出來，這樣的交流無疑是士氣的殺手。取下新人的海報同時加以訓斥，就像責罵一個做錯事的小孩，這個組織不啻是傳遞下面這些令人不寒而慄的訊息給新進員工：

- 我們不信任你的判斷。
- 我們不尊重你的感覺。
- 我們一直在盯著你。

凱利相信，對團隊造成戕害的不僅是這些官腔十足、鋪天蓋地的規則規定。在他看來，任何想要制定規則的衝動都應該經過審愼思考。

我們不妨想像幾個不那麼極端的情境。一個出發點良善的領導者，因爲想爲某個腦力激盪會議節省時間，於是立下一條規定：「我們需要全世界的好點子——唯一的條件是：這些點子要有可行性。」或者想像這樣的畫面：同樣求好心切的主管，爲了確保人人在開會時都有發言機會，於是設立規定：「大家輪流發言，每個人都有兩分鐘的時間。」

規定點子要有可行性，用意是避免把時間浪費在不切實際的構想上。兩分鐘發言的規定則是爲了避免少數人壟斷討論，也爲了鼓勵參與。可是利用這些規定的經理人其實有如飲鴆止渴，藥方比病灶更可怕。

根據凱利的看法，第一個規定的「大家輪流發言」，問題在於它侷限了所有人打開心胸的能力。「這條廣徵所有具備可行性點子的規定，會讓每個人在說話前先對自己的建議剪輯一番，」凱利說。「『噢，我有個想法，』可是他們接著會想。『不，等一下，這不可能做到。』要不然就是：『噢，我想建議如何如何……不行，我們以前就試過了。』」

「每人兩分鐘」的規定也是同樣綁手綁腳。「我記得有一回我在客戶公司裡開會。十六個人圍著一個大桌而坐，有人要我們輪流發言。那種感覺就像在開學生會議，」凱利說。「而非創意集會。」

如果你的目標是讓你的「熱」團隊開個腦力激盪會議，最好任由它從亂烘烘開始，稍後再去收拾善後。而如果你的目標是鼓勵參與，那麼你必須學會誘導沉默寡言的人開金口，或是想辦法約束那些強勢的人甚或別讓他們進會議室，而不是使用計時器這種使得團隊官僚味更重的方法。

類似這種被規則綑綁的現象其實是個無心之過——它原本是出於一種有用而珍貴的企業慣例，稱爲「流程」。流程的重點就在於將工作標準化——找出無效率、不協調的地方，以降低瑕疵率，提升可靠度和重複性。流程有助於組織掌控工作環境。然而，一旦流程的原則過度延伸，你的組織就會變成「流程警察的國度」，就像凱利那位朋友效力的事務所，不但設有藝術委員會，更有將犯規的人和事報告給權責單位的眼線。

動輒得咎、門禁過於森嚴的工作環境顯然是「熱」團隊的毒藥，無論如何也要避免。

## 2　避免不公平。

美國線上亟須「熱」團隊，可是這個需要卻因爲員工稱爲FOB（意思是鮑伯・彼特曼的朋友們）的那群人而飽受打擊。這些和美國線上某位最高主管頗有政治交情的人常常是單位裡能力最差的，可是團隊的績效評估報告中從來沒有挑明過。而當美國線上不得不裁撤數百名員工時，這些人全在保護之列。結果呢？結果是人人都知道，美國線上的績效管理制度不公平。

一家大型電子通訊企業的「熱」團隊也沾染到了不公平。這家公司施行的是類似通用集團風格的考評制度：每年替員工打分數，最差的淘汰出局。不過內部人士透露，不少員工和中階經理人魔高一丈，深諳「制衡」這個評鑑系統之道，以避免公平較量。

「我想保護某些人，於是故意雇用一批我知道績效不可能好的人進來，」一位經理人坦言。這位主管將他明知會降低團隊績效的人拉入團隊，藉此製造代罪羔羊。「所以要是哪個人非出局不可，我手上有東西可以拋給狼吃。」

這家公司裡還有一些員工，表面上大演敬業樂群的戲碼，卻趁主管不注意的時候將最好的構想據爲私有，一面對他人暗中進行傾軋。

「雖然團隊精神和團隊合作也是他們的目標，但是和完成一己的目標比起來就顯得微不足道了，」這位內部人士解釋。因此，藉由囤積自己的知識，也藉由破壞眞正具備團隊精神的他人，這些暗藏鬼胎的人得以確定，績效評鑑時自己絕對不會是最後一名。

「除此之外，」那位內部人士透露。「主管的個人成見也扭曲了評比的結果。分數高低完全繫於你老闆心目中怎麼看你、他的頂頭上司又怎麼看他，這眞的非常打擊士氣。」

「熱」團隊的精義，在於這是一種「以同儕爲導向的精英制度」，凱利這麼解釋。所謂精英制度，是眾人根據一己眞正的表現相互競爭而臻於成功，而不是看個人的人脈有多廣或是政治手腕有多高明。以同儕爲導向的精英制度，意思就是你的評鑑分數多半是由團隊成員來打，而不是主管。凱利相信，要決定誰應該或不該得到獎賞，這是最公平的辦法。

「公司總經理或許一星期才來一個鐘頭，」凱利說。「他會四處晃晃，看什麼人看起來像是在做事情。如果你爲團隊打的分數太依賴老闆的印象，我認爲這就是大開門戶，讓『艾迪・哈斯克爾』這種人趁虛而入。可是這種人每星期騙得了老闆一小時，卻騙不了其他三十九小時在一起工作的團隊成員。」（艾迪・哈斯克爾是五、六〇年代電視情境喜劇「小英雄」中的人物，他在權勢人物面前彬彬有禮、中規中矩，背地裡卻是個卑鄙小人，瞞上欺下。）

「我們的績效評估就是由同僚來做，」凱利解釋，強調這是得知什麼人達到期望、什麼人讓團隊失望的最可靠的來源。「老闆也會在場，因爲某些決定最後還是需要老闆來做，」凱利說。「不過資料都是直接取自同僚。」

不公平是「熱」團隊心態的腐蝕劑。它會銷蝕彼此信任，使得人心憤憤不平，只想以牙還牙。

### 3　避免流於酷毒。

面對變異的環境、艱困的競爭、更高報酬率的要求、緊迫的時間壓力，很多主管認爲別無選擇，只能採取非常手段。「我們必須精實，也必須酷毒。」他們這麼說。

他們只說對了一半。精實，確是企業的必需品。可是，酷毒對於「熱」團隊卻增益不了絲毫價值。除了讓組織變得更爲僵化、讓管理層峰對問題視而不見終至一發不可收拾、促成不良的判斷和不道德的舉措、讓「熱」團隊冷卻之外，酷毒的手段什麼作用都沒有。

我們不妨舉理查・布朗（Richard Brown）掌理EDS（Electronic Data Systems，電子通訊系統有限公司）期間的作爲爲例。

一九九九年初理查・布朗接掌EDS的時候，這家公司已經困頓多年，營收疲弱不振，市占率毫無成長，盈餘更是每況愈下。布朗針對赤字仔細分析後，斷定癥結出在組織內部，他認爲這家公司的文化需要改變——變得精實而酷毒。

布朗不但設定了讓大部分員工直呼絕無可能的短期營收和營業成長目標，同時制定了一些措施，讓每個人有如水深火熱：

- 他每個月將一百五十位高階主管全部召齊開會，公然點名那些沒有做到預算目標的人，要他們當眾回答難堪的問題。「他會當著每個人的面問你爲什麼？」曾經在該公司任職的一位主管對《華爾街日報》透露。布朗還會要那人當場告訴其他主管，他打算怎麼做以達成預算目標。
- 他言明在先，表現不佳的人要是不再振作，就只有走路的份。當他發現有兩成的業務員在先前的六個月內什麼都沒賣掉，他問那些高階主管：「你要如何處置這些人和他們的經理？」他們知道他的意思。沒多久，這兩成的業務員就被新人所取代。

●一位主管告訴布朗，他發現自己單位的同仁因為大規模的組織改造和超高的目標而感到焦慮不安，布朗的反應是暴跳如雷。「這是領導能力的考驗。要是你讓我看到一個手足無措、聽信謠言、對未來憂心的組織，我就會告訴你，它的領導就是這副模樣。人會模仿他們的領袖。我不相信你的憂心是出於事實根據。我相信它是出於你的無知。如果真是這樣，那就是你的錯。」

精實加上酷毒，布朗的手段顯然奏效了一段時間。在他上任的頭三十五個月內，EDS成交的新交易比前十三年的總業務量還多，而且所有財務數據都扶搖直上——EDS連續十一季的營業獲利和每股盈餘都有兩位數的成長。可是，接下來的十五個月，情勢直轉急下。

●新的超級客戶如美國世界通訊（WorldCom）和美國航空宣告破產，其他以高姿態簽署的新合約也不得不向下修正，重新協商。

●現金流量驟減，EDS不得不對華爾街宣布，預期盈餘必須降低達八成之多。

●EDS和健保局的契約被指控雙倍收費，EDS付出三百七十萬美元罰金了事。

●根據《華爾街日報》報導，EDS的會計作業遭到嚴重質疑。

●該公司股票價格從二〇〇一年高點陡降七一%，比布朗上任時還低了百分之六十。

●布朗被要求下台。

怎麼會這樣？這全是精實和酷毒結合下可想而知的後果。

●大部分的經理人都會千方百計閃躲，無論如何就是不願在一百五十個同僚面前坦承：

「我搞砸了。」

- 某些人因爲道出對策略的憂心而被視爲是「手足無措」，連忠誠也受到質疑，結果引發寒蟬效應，員工因此閉上嘴巴，絕口不提其他正在醞釀成形的問題。
- 眼看著同事因爲沒有做成新買賣或是無法做到不可能達到的預算目標而捲舖蓋走路，爲了做成交易、達成計畫，員工學會了不擇手段、信口開河。

酷毒的經理人會說，他們只是意志堅強、看成果論事而已。然而在那些高標準的要求以及一律以鐵腕處理事情的手段背後，卻是罔顧他人感情的冷酷以及對員工士氣的打擊。酷毒的手段不僅羞辱員工、犧牲員工，也操弄員工。它們會造成惡霸風氣，攻擊人身而非就事論事，讓每個人都覺得組織不顧他們死活。它們會毀掉「熱」團隊，你最好離它們遠遠的。

對於其他應該避免的事項，我有個建議：去找史考特・亞當斯（Scott Adams）畫的《呆伯特》漫畫集來看看。簡而言之，亞當斯幾乎把所有「熱」團隊的禁忌事項都畫了出來。在呆伯特的世界裡，每個人都覺得「我不得不做我現在做的事情，只因爲我那個『笨』老闆突然想出這個『笨』主意……」。每個人都自覺渺小、無能、挫敗和氣憤，因爲他們不是自尊受到打擊、遭到任意侮蔑，就是毫無預警地接獲不合理的要求。這是充滿毒害的環境，員工的能力萎縮不振，使得所有部分的總合變得比整體還小。

你不必去上組織心理學的研習課才能確定什麼事你不該做——只要去看《呆伯特》，把所有使得呆伯特的小小世界變成煉獄的東西全都清除乾淨就好。

## 「熱」團隊的必備要件

建立組織的方法很多，振奮士氣也是。不過某些主題特別有助於你將普通的工作小組轉化為「熱」團隊。這些主題包括五個要件：

1 喜歡你的部屬。
2 相信你的部屬。
3 傾聽他們心聲。
4 凝聚團隊精神。
5 讓他們做決定。

### 1 喜歡你的部屬

根據哈瑞・李文森博士所言，一個經理人對部屬是否抱有感情，是團隊士氣的成敗關鍵。「一群人日復一日一起工作，而且顯然樂在其中，這樣的地方有什麼特別？」李文森在著作《李文森信簡》中拋出這個問題。「主管是個很大的原因。他喜歡他所有的部屬。」

馬克・庫羅斯柯（Mark Kuroczko）就是李文森這句話的鮮活例證。他就是一個純粹因為喜歡部屬而創造了「熱」團隊的主管。

庫羅斯柯是個小部門主管，負責爲一家大型銀行機構撰寫技術手冊和規格表單。由於這些是低層次的企畫案，內容又多是乏味枯燥、少有樂趣的細節，他不必對行銷傳播的主管報告。

因此，庫羅斯柯雇用的員工盡是畫家、音樂家、小說家之屬（甚至有個雕刻家），而非擁有傳播學位和多年金融經驗的人。他喜歡跟創意人在一起。他因爲喜歡這些人，對他們也就保護有加。「我認爲我身爲主管的責任，就是建立規則以保育這些創意動物，」他說。「我希望保護這一撮有趣的人、做好玩的事情，讓他們免於官僚和商場人士的干擾。」

庫羅斯柯爲保護這群「創意動物」而採取的措施造成了一個始料未及的效果：每個屬下都知道，庫羅斯柯喜歡他們。而他們也以他完全意想不到的東西回報給他。

有一天，一位副總無法從銀行主要的行銷傳播部門得到他需要的奧援，於是打電話給庫羅斯柯，問他能不能接手，製作一份重要的四色型錄和若干相關的客戶提案。庫羅斯柯說沒問題。

他的團隊拿到案子後，不但回應迅速、而且超有創意，令人不敢置信。「我們交稿不但比那位副總要求的更快，介面使用也更容易，」他回憶道。「因爲我們熟悉這個技術部門的產品和服務，而且打心底創意泉湧，所以有能力撰寫更好的提案和型錄。那位主管的屬下覺得我們好像非常樂於幫忙，我們確實如此。」

任何和創意人才打過交道的管理者都知道，在不傷感情的情況下做到迅速執行有多難，而庫羅斯柯找到了解答。讓這些創意人知道你喜歡他們，他們會為你移山倒海（另一個收服人心的範例）。

讓別人知道你喜歡他們，最簡單的方法是從你可能喜歡的人開始相處。請回頭將「聘僱正確的人才」那章複習一遍，找出篩選人才的方法，據以選擇適合你也適合你團隊的人來。

等你找到你喜歡的團隊，要確定他們知道這一點。想辦法讓他們知道：你喜歡他們，也尊重他們。

庫羅斯柯對部屬亟思保護，這是他表達喜歡他們的方法。他護衛他們不受銀行官僚體系的侵犯，也費盡心思讓每一份企畫案變得有趣且具成就感。「我也年輕過，也曾是個不從俗的人。我認爲保護他們只是基本而已，」他說。是基本沒錯，不過不是庫羅斯柯認爲的那樣。庫羅斯柯的每個動作都讓他那群創意班底領悟到，他有多麼喜歡他們。他們用以回報的，是他們不同於凡俗的技能和高昂的士氣，銀行因而雨露均霑。

凱利建議，當主管的要向幼稚園裡的老師學習。這些幼教老師永遠都在表達，自己有多麼愛班上的學生。接著，將你學到的心得應用在適合成年人的策略上。帶你的團隊去遠足，或是讓你的部屬蹺班去看場電影。在英特爾，那些大頭老是在找各種名目慶祝——某人生日、壘球季開張、瑕疵率創新低、或是哪個年輕技術員隔天就要上大學了。

從喜歡你的部屬做起。要讓團隊「熱」起來，這是個簡單而有效的方法。

## 2 相信你的部屬

任何人都看得出什麼人有才華、什麼人會成功——可惜多是事後之明。只有很不同於一般的主管會在結果揭曉之前願意用自己的名聲打賭，以示相信、支持自己的部屬。不過，那些願意冒險相信別人的人會得到一個寶貴的啓示：對方的表現很可能會超越你的期望，只因爲你相信他們。

有人相信你，對你的表現會有立即而重大的影響，這是漫畫家史考特・亞當斯早在生涯之初就學到的一課。

「當時我想找個大公司，進去當他們的專屬動畫家，」亞當斯在《快速企業》雜誌的一篇文章中說。「我將我的履歷表陸續寄給多家公司的動畫編輯，也陸續接到回絕。有個編輯甚至打電話給我，建議我去修藝術課程。」

〔後來，任職於聯合圖片企業、一位業界眞正的專家莎拉・吉樂斯比（Sarah Gillespie）打電話給亞當斯，說要和他簽約。〕

「一開始我不敢相信。我問她我需不需要改變我的風格、找個搭檔、甚至去學畫畫。可是她認爲我已經畫得夠好，有資格在一個全國企業當中當個卡通畫家。她對我的信心完全改變了我的思維架構。它改變了我對自我能力的看法。

「這話聽來或許匪夷所思，可是打從我掛上那通電話，我就畫得更好了。從那次對談之後，你可以看到我的作品有明顯的進步。」

我想，你可以說這是正面思考的力量。話說回來，這也是一個人的自然傾向——想要做到別人對他的期望，無論這份期望是高是低。「當一個人自覺特別的時候，」凱利在《IDEA物語》一書中寫道。「他會做出你想也想不到的事情。」

你自己也知道，當教練、老師、親友、老闆對你有信心的時候，你的感覺有多棒。何不向他們學學這一招，從相信你自己的部屬開始？保證能讓你的團隊「熱」起來。

## 3 傾聽他們心聲

你已經從這本書中讀過許多理由，說明善於傾聽的重要。傾聽能培養信任，釐清期望，舒緩人與人之間的對壘，還能強化自尊。

傾聽爲什麼應該被視爲首要之務，現在又多了一個理由：傾聽是個讓團隊「熱」起來的簡易法門。戴夫・拉・包波（Dave La Pouple）任職於美國廣播巨頭CCU傳播公司（Clear Channel Communications），掌理一個由二十個業務員和經理人組成的團隊。他相信，傾聽部屬說話是他成功的關鍵。

這二十個人當中，有六人是我的直屬下屬，而我每星期都會和他們做一對一的會談。拜一對一的對談之賜，我得以眞正傾聽他們的心聲。不管我有多忙，我會逼自己靜靜坐下，深吸一口氣，專注地聆聽我那些同僚說些什麼。當我閉上嘴巴，停下手邊一切事務，專心傾聽，他們會知道我在細聽，知道我把他們的話放在心上。

等他們走出辦公室，他們的表現會更好。我曾經有個手下，跟了我一年半。她進我辦公室的時候，一點自信也沒有。她以前跟過幾個差勁的老闆，遭受過一些挫折。而我每星期除了聽她說話，我也會對她說：「你做得到，」光是這樣，我就強化了她對自己的信心。這讓她完全變了一個人。傾聽眞的很有效。

拉包波說，傾聽的難處在於很花時間。他開始一對一對談時，每星期總會把某一天最好的時段全耗在上頭。雖然現在他可以在短時間了解更多事情，不過依然需要投入寶貴的時間資源。儘管如此，依照拉包波的看法，身爲管理者，「你一定要把它當成首要之務。」

## 4 凝聚團隊精神

一位研究IDEO的史丹佛大學教授發現，IDEO員工的凝聚力高於一般企業。「這裡有個現象和其他公司不同：不管是茶水間還是公司野餐，大家都在談工作，」這位教授告訴凱利。「這倒不是因爲那些人的生活乏善可陳；每個人其實都有其他嗜好，馬拉松賽跑、騎單車之類的，可是他們還是打心底認爲工作很有吸引力。」

凱利說，這並不是巧合。「能不能營造出一支『熱』團隊，完全在於心態，」他說。「『熱』團隊不見得要因爲企畫案有趣才可能建立起來。在IDEO，即使看似最平常的任務，我們都有辦法營造出團隊精神。」

凱利最愛用的招數是：賦予團隊每個人一個角色，讓他們感覺自己是「被選上的」。凱利建議，仔細看看你的組員，了解這些人一般都扮演什麼樣的角色。他建議，團隊可以指定適當的人當「先知」、「質疑者」、「科技專家」或「白臉」，角色不一而足。凱利相信，被賦予角色的人會感覺自己與眾不同。

藉由賦予適當的角色，你也等於是在善用個人優點，避免暴露他們的缺點（這是在保護他們）。

## 5　讓部屬做決定

在IDEO當主管，凱利承認：「我不知道咬牙咬過多少次。」他努力推動讓團隊自己決定事情——這是讓他們熱起來的環節之一。

凱利的一個做法是：絕對不做分配空間或是制定大頭針海報這類的規定。他讓部屬自行界定工作空間，只要在預算之內即可。有一天，他在ＩＤＥＯ某個辦公室裡，見識到「讓他們做決定」這個政策的效果有多大。

當時凱利正和某個「熱」團隊在開例行週會。他聽到攝影棚主管說：「我們有個問題。攝影棚的工作排得這麼滿，我們必須增加人手，可是地方不夠大。我們找了兩個人進來，他們都接受了。這兩位都是非常優秀的人才，我們希望他們加入，可是空間不夠。有沒有人有什麼建議？」凱利咬著牙，硬是讓他們自己決定。

有人發言：「這裡每樣東西都有輪盤可以調整。只要每一列每個人都空出一呎的空間，就可以多容納一個人。」

辦公室有兩列，各有八個小隔間。如果兩邊每個人都縮減一呎，便可多容納兩個人。大家都同意，這是解決的辦法。

而讓凱利印象深刻的是，爲了解決公事上的問題，每個人都欣然同意，樂意犧牲一點個人空間。「這樣會不會太擠了點？」凱利問。「會。可是可有人抱怨或是因此而心情低落？完全沒有！」

授權給員工讓他們自己做決定，和層級分明的體制以及綁手綁腳的規定正好形成對比。一如對員工賦予信任，這也會發揮效果，使得屬下更體貼也更慷慨。

一位棒球教練就說過，你如果賦予孩子權力，他們會更守規矩。他爲他的棒球隊設計了一疊「自由走出監獄」的卡片。要是哪個孩子做了讓他高興的事，他就發一張卡。如果這人後來做了一件他不喜歡的事，可是不想聽訓也不想受罰，就可以利用這張卡「自由走出監獄」。而每當教練拿到這張卡，他就得忘掉發生的一切，不再提它。

他說，結果大出他所料。那些孩子爲了得到「自由走出監獄」卡非常努力，可是因爲他們做的錯事極少，那些卡幾乎派不上用場。藉由賦予他們否定權以免於責罵或受罰，整個棒球隊變得更成熟，也更守規矩。

「那些小孩都把卡片留著當紀念品，」他回憶道。

## 「熱」團隊——癡人說夢還是當務之急？

「士氣是一個工作團體情緒健康的表達，」組織心理學者哈瑞・李文森教授在著作《李文森信簡》中指出。「如果你管理有方，能夠讓員工心理（以及生理）得到滿足，你就能營造高昂的士氣。」

一位憂心的高階主管寫信回他：「沒錯，關於士氣種種，你說的很有道理，可是我們的經理人壓力都很大，因爲上面要求看到成果。」這位主管對李文森說，或許有朝一日，他公司的經理人可以花時間塑造這樣的「理想」環境，到時候領導者會爲了創造「熱」團隊而去滿足部屬的心理需求。「可是，就今天來說，」他告訴李文森。「我們負擔不起這種理想化的奢求。」

我認爲這位主管說得對，也說得不對。他的結論是對的：良好的企業需要顧及現實。所有的團隊都疲於奔命，每個經理人都飽受壓力。那個能讓你浪費些許時間、金錢和努力的小小空間已經一去不返。我們每個人都必須孜孜努力，夙夜匪懈。

而這位寫信給李文森的朋友的謬誤，在於他以爲將一般工作團體轉變爲「熱」團隊是種奢求。我且用下面這個側面思考的謎題說明原因何在：

> 鮑伯和道格是西北太平洋國家實驗室的伐木工。兩個人揮斧頭伐木的速度一樣快。鮑伯每天從早上七點工作到下午三點半，除了三十分鐘的午餐時間，他從來不停手。道格的工作時間和鮑伯一樣，可是他每揮斧一小時就停下十分鐘。這表示道格眞正砍伐樹木的時間要比鮑伯來得少（說得精確點，道格一星期比鮑伯少砍了六小時又四十分鐘）。
>
> 可是，一週結算下來，道格砍倒的樹木卻總是比鮑伯來得多。爲什麼？

設計側面思考謎題的目的，是要幫助你看出你的結論當中包藏了多少先入爲主的假設。例如，寫信給李文森的那位主管其實早已下了定論：把時間花在建立高昂士氣上是理想化的奢求。爲了獲致這個結論，他「假設」把時間用在工作職掌以外的其他事情上（以伐木業來說，就是揮斧頭）都是沒有生產力的。就像伐木工鮑伯一樣，他以爲只要他（或是他的屬下）

拚死拚活地做，就可以製造出最大的生產。

可是這個謎題說，成果最好的不是鮑伯，而是道格。爲什麼？因爲道格每小時會花十分鐘去做一件非常務實的事：磨利他的斧頭。

道格知道，當你每天揮動斧頭，斧頭很容易鈍掉，而拿鈍掉的刀刃去砍樹，勢必要比銳利的刀鋒來得耗時。因此，道格決定先放下勞苦的工作，把斧頭放在磨石上。結果，他增加了自己的生產力。

「熱」團隊的成員喜歡上班、樂在工作、而且只願意替你賣命，不願替別人效力。這意味著他們缺席率低、肯於自動自發、組織忠誠度高。這三種結果既非不切實際，也不是過度的理想。

除此之外，「熱」團隊還認爲他們對於管理階層和公司方針可以賦予信任。「他們對領導有信心，認爲它深諳自己的走向。他們相信手上拿到的資訊，也相信提供他們資訊的人。」李文森教授總結道。這股信任可以轉化爲嘗試新構想的意願、對組織方針改變的支持，以及更多的信服。一如員工的信服與否與執行的良莠有直接的關聯，這裡也一樣，你花在讓團隊「熱」起來的每分每秒，可以讓你的業務更上層樓。

士氣如虹的團隊並不是奢求。一如道格的銳利刀斧之於砍倒更多的樹，高昂的士氣之於員工的心悅誠服、貫徹行動，其實是不可或缺的。

# 10

# 如何領導「熱」團隊

## 適度分攤領導者輔導與培育的責任

團隊合作的路障不計其數。

互相依存的工作難以勝數，頻繁的互動多如牛毛。

任何感情連結的缺口都足以讓執行功虧一簣。

只要做做算數，對照你必須投入的時間和力氣，

其中的複雜關聯似乎足以讓你滅頂。

好消息是，

成功管理「熱」團隊、讓他們合作無間是有方法的，

而且不必多花一毛錢，也無須佔用任何工作時間。

如果你的職責就是領導「熱」團隊，我有好消息，也有壞消息。

先說壞消息。領導一個由五人組成的「熱」團隊一起做事，要比光是管好五個不同的員工要難上二十倍。如果再加兩個人，複雜度會增加七十倍，而要是你領導的是百人的「熱」團隊，那種錯綜複雜（在二次方到九九次方之間）恐怕會多到讓你無法想像。

好消息是，成功管理「熱」團隊、讓他們合作無間是有方法的，而且不必多花一毛錢，也無須佔用任何工作時間。

這話聽來是不是好得像是癡人說夢？等你看完這個故事，知道有個領導者將她旗下一百名精算師和諮詢顧問整合爲一個橫跨四大洲的超級「熱」團隊，因而樹立了團隊合作的最佳範例，你就不會這麼想了。

不過，在你聽故事之前，容我解釋爲什麼領導「熱」團隊通力合作是如此的複雜。

## 團隊合作的挑戰

並不是所有的企業目標都需要團隊合作。無論是賣出五百億下載的數位音樂、將公司品牌的市占率從十增加到十五%、爲一個停滯不前的企業單位扭轉乾坤，還是達成其他重大的企業目標，一位經理人勢必要有眾多不同的人才可用，並且讓每個人克盡所能。不過，即使成果是繫於一大堆人的貢獻，這並不表示這個目標非要團隊合作才能竟功。

如果團體的大目標有很大程度具備了專家所稱的「工作依存性」，那麼，團隊合作是必要的。任何一人的行為對其他員工的成功以及團隊的整體成果影響是重大還是輕微，是工作依存性的測量指標。

讓一架飛機準時離地起飛，需要十來個職責分明的人通力合作。他們在變動的情境下各司其職，以迅速的動作一氣呵成，有如一體般完成起飛。這種工作具有高度的依存性。

替某人的旅遊計畫訂位，也涉及數十個不同的人。不過由於時間拉得很長，協調也不那麼舉足輕重，這些人可以各做各的。這種工作的依存性就沒有那麼高。

大體說來，如果大家個個埋首工作，克盡個人的努力，可是並不關心他們的決定或個人風格對其他同事的影響，結果這個團體依然能夠達成大目標，那麼這就是一個工作依存性低的團隊目標——團隊合作在這裡並不是特別重要。

反過來說，如果個人願意超越自己的利益而與許多其他同事進行協商、合作、溝通，而且這種意願對於團體的成敗息息相關，那麼這就是具備高度的工作依存性。這種情形下，團隊合作會變得無任必要。

領導「熱」團隊之所以複雜得多，在於領導者需要讓部屬領悟到：他們的決定或個人風格攸關其他同事，而且他們必須隨著情境變化時時調適。為什麼需要這樣，原因不言而喻。

團隊合作是員工根據自己的感覺做出的選擇，而這些感覺是團隊每一份子日常朝夕相處的互動結果。

如果互動關係不佳，員工對於一己的決定或個人風格會不會對其他同事造成影響就漠不關心，因此也不願意多花任何力氣和團體合作。這樣的員工比較僵化、不敏感、自我中心。而如果互動良好，團員不必別人催促就會主動和同事協商、合作、溝通，也會因爲著眼於完成團隊大目標而隨情境自我調整。這樣的員工比較柔軟、慷慨、具同理心。

因此，如果團隊的工作依存性高、團隊的成功繫於群體的合作，那麼領導者責無旁貸，必須確保團員之間有良好的互動關係。乍看之下，這不過是個小小挑戰，端賴領導者的帶人技巧而定，其實不然，問題遠比這個大得多。當你把所有的關聯加總起來，想像任何衝突可能引發的後果，顯而易見，除非你的團隊很小，否則其中繁複的關係糾葛，不是你一個人管理得來的。

## 「熱」團隊的關係糾葛

假設艾琳是一個五人團隊的領導者，包括荷利、史蒂夫、凱利、黛比和瑪麗。如果這個團隊的目標工作依存性不高，艾琳只要處理好五種關係就好，也就是艾琳對荷利、艾琳對史蒂夫、艾琳對凱利、艾琳對黛比、艾琳對瑪麗。

可是，如果她的團隊目標要靠團員之間的協調、合作和溝通才能達成，那麼艾琳除了處理她和這五個人的直接關係外，還要操心二十種同僚關係（荷利和史蒂夫、荷利和凱利、荷利和黛比、荷利和瑪麗的雙向關係，以此類推）以及七十五種同僚和長官之間的組合關係（涉及史蒂夫時艾琳對荷利的關係、涉及荷利和凱利時艾琳對史蒂夫的關係等等）。這樣加總起來共有百種不同的組合，比起艾琳單純只要讓五個部屬各盡所能來，高出了二十倍之多。

更何況，這些關聯的總數是以指數比例增加。如果艾琳的團隊又有兩人加入，成爲七人小組（二〇〇一年企業界的平均主管部屬比例），她就必須處理四百九十種關係。要是團隊增大到百人規模，她會驚異地發現，同僚和主管之間可能增加的關聯竟然高達二到九十九次方之多。

你或許認爲這些關聯無關緊要，而在你做出這個定論之前，想想上回你當陪審團員或是擔任某委員會的主持人時是個什麼情形。

- 你還記得不同的人對團隊互動的影響有多大嗎？
- 你可曾注意到，團體裡總有人聯手起來形成好幾派，試圖去影響某個個人？
- 你可曾扼腕搖頭，只因爲看到同僚間的小小口角變得一發不可收拾？
- 你可曾注意到，有人對於別人的輕蔑（無論是眞有還是想像的）立刻還以顏色的場面有多火爆，而且總是發生在最不恰當的時機？

事實上，每當調查委員會插手去了解各種災難（如一九八六年挑戰號太空梭爆炸）和可怕意外（如九一一恐怖事件）發生的原因時，他們往往發現，互動關係不良要比怠忽失職或是完全的無能是更大的導因。舉一九八六年挑戰者號太空梭的爆炸事件爲例，專家的結論是：由於美國太空總署和莫頓聚硫橡膠公司（Morton Thiokol，挑戰號火箭的製造商，也是火箭內功效失卻的O型圈的裝置者）之間許多互動出現瑕疵，導致太空總署依然決定要在酷寒的情況下升空。他們判定，雙方組織的主管、高層和工程師的出發點都是好的，可惜之間不完美的關係導致了許多盲點和集體思維。

需要有效管理工作依存性高的情境好讓屬下群策群力的經理人，有三條路可選。第一，對明顯的事實視而不見，讓團體關係自生自滅，任由小問題演變成大災禍。第二，設法打破藩籬，聘僱並訓練夠多的監督人手，以協助解決所有可能的紛爭。或者，他們也可以師法一位領導者的做法。這位領導者已經找到一個法門，不但讓百餘位同仁主動培養更好的私人感情，也使得她旗下的團隊成爲這家公司眾多國際據點中最「熱」的團隊之一。

## 解套之道

伊麗莎白．凱佛利琪（Elizabeth Caflisch）是全球最大顧問公司之一華信惠悅（Watson Wyatt）的業務總管，也曾是董事會一員。她位於華盛頓特區的辦公室專事協助財星五百大企業落實它們對員工允諾過的退休福利制度。

凱佛利琪的辦公室有一百個顧問和保險精算師，而一開始她的所作所爲只是爲了確保她自己達成任務，並非爲了改善員工關係。「我的職責是讓每位同仁不斷地學習和成長，」她說。「有時候我們的業務進行非常順利，有時候也會踢到鐵板，這時候我就會想，我的執行眞的應該是這樣嗎？」

凱佛利琪非常清楚自己想要什麼。

她想要「鼓勵快速的發展和成長」，也想讓她的同事「發現什麼樣的混融角色讓他們的工作最有成就感」。一言以蔽之，凱佛利琪想「培育」她這一百位同仁，讓他們每個人的潛能都發揮到極致。

可是，這有如緣木求魚。凱佛利琪的首要職責是把客戶顧好。直接處理客戶的疑難雜症、設計良好的對策就佔了她三分之一的時間，而她又身爲華盛頓地區辦公室的主管，負擔的責任相當於一個企業總經理的所有目標——既要和總部嚴格的開支管制要求周旋，又得積極改善生產力和獲利。

培育一百位同仁以發揮他們最大的潛能，需要給予很多的意見回饋、指引和規畫，一個經理人若是決定把這些事情做好，每一項都得花上成千上萬個小時。凱佛利琪知道，她沒有這個時間。

她突然靈機一動。「我很快樂地想到，」她說。「很多同仁都覺得他們有能力做出重要的貢獻，讓我們更上層樓。他們希望自己的貢獻方式是：繼續留在諮詢顧問的生涯軌道上，一方面協助他人。我因此斷定，只要我能讓這些人以他們最自在的方式付出貢獻，每個人都會更加壯大。」

因此，凱佛利琪不再祈願自己有更多時間培育每個人發揮最大的潛能。她把這個責任轉交給團隊成員分擔。說得明確些，她實施了一個制度，讓華盛頓辦公室三分之一左右的人員分別擔任「夥伴」、「教練」或「小組指導員」的角色，整個辦公室則負責提供所有同仁及時、明確、有用的績效回饋。

## 1 夥伴

夥伴的工作是教導新人本業的技能（也就是分享達成任務的必要知識），好讓新手充分融入辦公室文化、熟諳作業流程。夥伴的作用在於提供在職訓練，將自己所知的一切傳授給對方，作爲辦公室正式培訓計畫的輔助。

「我們是兩人配成一組：一個新人配一個層級稍高的人，」凱佛利琪說。這種一對一的協助是以一年爲期。「我們的想法是：等一年過後，夥伴應該已將他們的知識和責任轉移到了新人身上。」凱佛利琪解釋這套制度的可貴之處。「擔任夥伴的人心裡有數，把自己的接棒人訓練得越好，自己就越有升遷的機會，」這些夥伴知道，他們的使命就是：觀察這些徒弟是否有充分的能力接掌自己的職務。

## 2 教練

凱佛利琪分攤式領導計畫的第二部分，是包羅所有同仁在內的教練制度。「每七到十個同仁配以一個教練，」凱佛利琪說。「這位教練通常是被輔導者一或兩級以上的人。」（華信惠悅的員工分爲六級，每一級代表不同程度的經驗。）

教練要負責傾聽同仁的困難，就適當的訓練項目提供建言，引導他們做好正確的客戶作業，將同僚、老闆、部屬的意見回饋給他們，每年還要替他們打考績。在這個辦公室裡，不管你是什麼層級，每個人都有教練。

這些教練一星期花在指導他人的時間約莫是工作時數的十五％。「很多人樂於對公司有所貢獻，只要自己依然留在顧問位置上就好，」凱佛利琪解釋。「這等於給他們機會，在領導統御方面一試身手。」

## 3 小組指導員

小組指導員的目標，是確定每個成員以最快的速度學習新的技術、得到新的能力。之所以設置這樣的職位，是爲了反制一般組織典型的做法：什麼事都派給有經驗的人做。「有時候，當你身處壓力之下，最簡單的脫身方法就是把事情丟給曾經做過的人，」凱佛利琪觀察道。「總該有人提醒他們：『等等，其他人也得學著做才行。』」

「這些事你從來沒做過，」小組指導員會這樣告訴某個同仁。「不過，你必須了解我們這個部分的工作內容。我是替你找機會。」凱佛利琪說：「我們幫助同仁學習新的技能，這樣對每個人都好。」

每個指導員都會和小組成員一一晤談，與對方討論隔年和長遠的計畫，接著據以做出決定，看公司能爲他們的目標提供什麼樣的支援，也就是讓個人目標和小組來年的工作任務互相配合。例如，「或許某個同仁從來不曾直接對客戶提出諮商建言，」凱佛利琪說。「而如果他的遠程計畫是變成諮詢顧問，小組指導員就必須把那人找來出席那年當中所有的會議，無論是視訊會議、正式會議還是其他和客戶溝通的場合。如此，新人就有機會聽到客戶以自身角度提出的要求，也得以觀察經驗豐富的顧問如何分析診斷、引導客戶解決業務問題。」

## 4 三百六十度的意見回饋

透過三百六十度意見回饋的制度，凱佛利琪讓辦公室每個人都分攤到領導他人、引導他人發揮最大潛能的責任。

「我們華盛頓辦公室的意見回饋，來源包括與你共事的同僚、你的主管、向你負責的部屬，以及自我評估。」凱佛利琪解釋。「我們希望聽到小組的意見回饋，所以讓大家分成五到七人一組。所有成員不但是該同仁自己仔細挑選出來，還要得到教練同意。如此得到的意見回饋才能觸及這位同仁一年來所有的重要職責和績效表現。」

凱佛利琪抛出更多挑戰給這些來源，要他們不只是提供意見。「請花時間好好想想你的評語，」她告訴所有同仁。「為了幫助教練了解你的意見，請舉明確的例子說明。」

- 你和這位同仁共事的是什麼性質的工作？
- 當初你對這位同仁的工作心存什麼樣的期望？
- 這位同仁的表現是否符合你的期望？程度如何？
- 如果這位同仁未來想要有更廣大、更有價值的貢獻，他應該加強哪些地方？
- 如果你有任何行動計畫的想法，請列舉。

凱佛利琪說，她的三百六十度回饋制度之所以奏效，是因為它是基於人的自然本能：每個人都希望「在打造、改進企業未來的路徑上，加上自己的一份力量，讓它成為一個他們樂於工作的所在。」

凱佛利琪的分攤式領導不只讓她增添了助力而達成任務，也讓所有同仁得到他們學習和成長所需的一對一的注意力。這個做法改善了所有的互動關係，而且既沒多花一毛錢，也沒有多費凱佛利琪一點時間（相較於她利用傳統的層級領導方式）。

想想看，在職場上，誰是你口頭不說但信任有加的人？誰已經深獲你的友誼？什麼人只要開口，你會立刻欣然伸出援手？大部分的職場工作者心目中都有一個特別的位置，專門留給那些在他們事業生涯中提供有用意見又有足夠熱誠給予輔導的同事和主管。在華信惠悅的華盛頓辦公室，所有的諮詢顧問和精算師放眼望去，盡是這樣古道熱腸的良師益友，為每個團隊成員支持打氣。這是一個能夠驅動合作的環境。

現在，我們換另一個角度來看。你最希望什麼人未來飛黃騰達？什麼人在徬徨迷惑或剛愎自用的時候，你對他最有耐心、最能體諒？什麼地方最能激發你的同理心？同樣的，大部分的職場工作者對於熱心學習的徒弟和勤勤懇懇的學生都有一份特別的感情。而這裡也一樣，凱佛利琪的團隊成員打從加入的第一年就可以和其他人產生這樣的感情互動。

結果（你馬上就會看到），罔顧個人決定和風格對他人的影響、袖手旁觀推卸責任的風氣在沒有人勸戒半句的情況下煙消雲散。對於互相依存的工作，溝通、合作、協商已成爲自動反應，而透過這樣的機制，情誼也得以凝聚。

## 5 結果

將分擔式領導引進辦公室不久，凱佛利琪就看到它驚人的效果：成員之間的互動變好，整個團隊也更加群策群力——即使處境艱難，也能夠成功處理他們依存性高的工作。

「當時我們正要爲一個重要客戶開展一個規模極大的專案，」凱佛利琪回憶道。這個專案涉及了一個範圍極廣、由上而下的評估程序，華信惠悅的分析師不但必須和一大堆數據奮戰、針對眾多可能的情境推敲，還得對許多假設性的問題立刻提出回覆。她非常緊張。

凱佛利琪憂心的不是這個案子的規模或速度。她的營業處一向是高品質的保證，而且華盛頓辦公室裡的人過去對於這類評估計畫也有多次成功經驗。

凱佛利琪緊張，是因爲負責執行這個錯綜複雜、分秒必爭的分析程序的同僚，絕大部分都是新手。「我們一個最資深的同仁剛退休，另一個被調派到新設的據點，」凱佛利琪解釋。「所以這個九人小組當中，有七個是初出茅廬的大學生，最資深的才踏出校門五年。」想像一下：你手上有一樁時間緊迫的關鍵任務，可是你七七％的人手都是新進，你就可以想見，凱佛利琪爲什麼會好幾天坐立難安、夜不成寐了。

然而，凱佛利琪還沒來得及將她的憂心告訴別人或是召開會議討論補救措施，這個團隊的表現已經告訴她，她根本沒什麼好擔心的。

「案子才開始沒幾天，這個小組對這個重要專案的困難已經了然於胸，」凱佛利琪說。「同時自行研擬出了對策。」

他們首先將完成專案各階段所需的工作以專業分工的方式分配好，接著自行配對，由一個較有經驗的分析師和一個資淺的同仁並肩合作（換句話說，只有一年經驗的新人會和已有數年資歷的老手配成一組，以此類推），而非像層級制度之下的那樣，把重責大任推給最有經驗的老手，把低層次的事務丟給新手。

這個機制的運作很簡單。有經驗的人「做事情」，資淺的則負責觀察、問問題。然後角色反轉，輪到資淺的新進動手做事，資深的老手從旁一對一輔導。幾番輪流之後，每個新手已完全跟上腳步，足以獨力處理新的職責。接下來，他的「教練」也進展到下個部分的分析，也就是自己也被更有經驗的人輔導，擴張能力。

「他們的成績令我嘆爲觀止，」凱佛利琪說，語氣流露著驕傲。雖然肩負眾多關鍵職責的九個成員裡有七個是新人，她說：「比起以往任何時候，我們反而進步更多，也更有能力回應客戶的需求。」換句話說，這個新團隊的表現足以和歷練多年的團體相提並論。

這個團隊的優異表現，是拜緊密的情感連結之賜。「他們準備得更充分，整個團隊應變更爲迅速，也更了解自己該怎麼做事，」凱佛利琪最後這麼說。「這是因爲，所有成員都願意『分享自己的知識』，傾囊相授。這讓我又驚又喜。」

無限的知識分享。互相加油打氣而不袖手旁觀。人人因爲對團隊的大目標深信不疑，於是克盡所能去落實執行。這是我們每一個人夢寐以求的團隊合作境界。

不過，它不一定是夢想。團隊合作的路障不計其數。互相依存的工作難以勝數，頻繁的互動多如牛毛。任何感情連結的缺口都足以讓執行功虧一簣。只要做做算數，對照你必須投入的時間和力氣，其中的複雜關聯似乎足以讓你滅頂。

可是，如果你看得到你的部屬願意（套用凱佛利琪的描述）「在打造、改進企業未來的路徑上，加上自己的一份力量，」並且集中心力，將這股意願轉化爲提攜輔導、提供有用的意見回饋，成果自然是更濃的情感關聯和更佳的團隊合作。

所以，對於「如何領導『熱』團隊？」這個問題，解答是：「你不必領導。」只要把領導者輔導培育的責任分攤出去，你的「熱」團隊自會領導自己。

## 良好的回饋

不管是什麼樣的輔導關係，它的核心在於良好的回饋。不過，當你看到手上的考績、聽到別人給你的建言，顯而易見，大部分的回饋意見都是乏善可陳。

這不是因為企業人士過於自我中心，也不是因為他們怯於提供建設性的評語。這純粹是缺乏仔細思考之故。因此，容我提供你一些關於良好回饋的心得。

想像這幅景象。十二個人，平均分成三組。每個小組各選出一人，為那人蒙上眼罩，交給他一個五吋的橡皮球。接著其他成員要為這個「投手」指示正確方向，引導這人將球投入十呎之外的垃圾桶內。「每一組有十次投球機會，」他們接獲的指令是這樣。「得分最多的贏。」

第一組不准觸碰被蒙住眼睛的同伴也不許和他說話，直到投手投完十球後才能給他一些明確的回饋，例如：「你的第一球丟得太遠又太左，第二球太近……」諸如此類。

第二組可以對投手開口，不過只限於某一類的話，例如：「做得好」或「再接再厲，我們相信你」。他們除了一大堆鼓勵的言語，其他都不能說。

第三組則毫無限制，想說什麼就說什麼。在這一回合中，他們給予投手詳細的指示，例如上一球錯在哪裡、為什麼失誤，也對力道、曲線、方向提供意見。他們甚至空出時間，讓那個蒙眼的同伴發問。

現在，請你一面想像這幅情景，一面思索這三個問題：

(1)第一回合整個結束後，你認為哪一隊可能得到最好的成績？

(2)第二回合之後呢？

(3)最後，哪一隊的蒙眼夥伴會最渴望在第二甚或第三回合再拿到這顆球？

良好回饋的架構該是如何，你的答案已經告訴了你。

第一組代表了期末打考績的回饋方法。這不是良好的回饋，因為來得太晚。

第二組代表了激發自尊的回饋方法。這也不好，因為它空空洞洞，語焉不詳。

良好回饋的代表是第三組。為什麼？因為他們提供的意見既及時又明確。

「及時」。一般人一年需要四百四十磅的蛋白質、碳水化合物、脂肪和纖維素才能維生，可是沒有人會為了節省時間而一次吃下那麼多。要維繫生命，食物必須分攤給一年的時間慢慢消化。

回饋也是這樣。一整年從頭到尾，員工必須適應、調整、充電、建立正確的視野。如果到了年終才做績效評估，一次給你一大堆回饋，那是緩不濟急。「事情做得好立刻得到肯定，或是即時得知自己的做法對團隊並不適用，」這是凱佛利琪的領悟。「員工就越清楚如何處理下一個企畫案，」而這會帶來更好的成果。

「明確」。四十個經理人齊聚一堂，主席問大家：「你期望你的領導者具備什麼樣的特質？」結果每個人都背出一大串大概在哪個研討會上聽過的詞彙——自信、魅力、誠信、堅毅、善於溝通、高瞻遠矚等等。主持人請大家重新思索。「假設你必須穿越一塊地雷區，有人說：『喂，大家往這裡走，』你會不會在乎這人有沒有魅力、遠見、自信之類的？」

「大概不會，」那些經理人回答。「最重要的是，這人必須指出正確的行進方向。」這就是人需要回饋的真正原因——大家需要的不是啓發也不是激勵，而是某人切實花了時間去了解哪條路徑最好，然後明明白白地把細節告訴你。

給予良好回饋的壓力應該落在提供者的肩上——他們責無旁貸。光是分享意見是不夠的。回饋必須具備明確的細節、有用的資訊。

兩個原則有助於你給予明確的回饋：

回饋的提供者必須以書面給予回饋。（一如我們在「評估更精準」一章中學到的，書面答覆對於答覆的思考品質具有深遠的影響。）

回饋的提供者也需要讓他們的回饋得到回饋。有人告訴凱佛利琪，說她的團隊評分制度不一致，她因此領悟到，自己得到回饋也很重要。「評分的人那麼多，」凱佛利琪察覺到，「很難讓每個人都以同樣的標準去打分數。」因此，凱佛利琪現在的做法是：和所有的教練一起開會，擬出一套一致的評分系統來。「我們把所有的績效層面都攤出來詳細討論，以期達到一致的定義。例如，『一年來成果豐碩』和『令人刮目相看』的評語確切來說有什麼不同？『達到期望』和『沒有達到期望』的差別到底在哪裡？」要不是凱佛利琪本身願意打開胸襟接受他人的意見回饋，這樣的事情不可能發生。

# 基礎磐石 IV
## 個人自動自發

目前爲止，我們已檢視過三個達成期望的重大障礙（從一個管理者的執行角度來看）：

- 含糊不清、互相矛盾的目標及有瑕疵的評估機制，會削弱員工對於期望的認知。
- 管理者無法爲目標尋得適當的人才，導致事倍功半，目標達成的機率打了對折。
- 員工對任何的政策改變或新構想總有一份本能的抗拒，自然無心貫徹執行。

對於這些阻礙（以及途中的諸多顚簸），我們已分別從幾個企業主管身上學到了心得。他們曾經迎頭面對這些挑戰，找到了解套方法。

現在，你已擁有足夠的利器，保證能讓部屬貫徹執行——給予所有員工水晶般清楚的指示、爲目標找到配稱的人才、採取恰當的步驟，以確保執行行動有個順利的開端。只是，這樣還不夠。即使你克盡全力，你期待部屬完成的任務還是有可能功虧一簣——只因爲他們缺乏自動自發。且讓我爲你描繪幾個畫面。

## 他們的自動自發在哪裡？畫面1

尼克在聯美航空的頭等艙櫃檯前辦理登機手續。

那名職員已將登機證交給他，正在爲他的行李掛名牌。尼克注意到，她在他行李上用的不是黃色頭等艙專用的名牌。他問她爲什麼。「我黃色名牌用完了，」職員說，連頭也沒抬。「這種商務艙的紅色名牌一樣可以用。謝謝光臨。」

尼克的視線望向隔壁櫃檯的服務員，他看到不到三呎之外，一大疊黃色的頭等艙行李名牌放在那裡。他屈身向前，輕聲說：「那個人有一大堆。」尼克的頭朝她的同事一點。只見那女人抬起頭，望著尼克一秒鐘，勉強擠出一絲笑容，說：「我已經對你說謝謝光臨了。」接著就往他身後喊：「下一位！」

這活脫是影集「歡樂單身派對」裡的場景。尼克得到的是聯美航空「要不要隨你，不要拉倒」的待遇。他決定，明年不再搭乘聯美的班機。

## 他們的自動自發在哪裡？畫面2

喬伊是一家大銀行的個人投資理財專員，業績在小組中向來名列前茅。他的老闆不但給他優厚的薪酬，還常讓他分紅、招待他去熱帶地區旅遊以爲犒賞。

在銀行新的成長計畫之下，人力資源部門的人分別找了銀行幾個績效頂尖的營業員晤談，鼓勵他們花一年的時間受訓深造，以取得投資理財規畫的高等證照。「我們打算裝置新的科技設備，好方便你們服務身價高檔的私人客戶，」他們告訴喬伊。「你們只要去受訓、通過證照考試就好。等你們上完課，那套設備也該裝好了。到時候，我們就會有個煥然一新、所向無敵的服務內容。」

喬伊非常興奮。他立刻開始訓練課程，過關斬將通過了所有的考試。證照拿到手後，喬伊等著新電腦和承諾過的軟體到來。他等了又等。

裝備始終沒個影子，而且沒有人對他做任何解釋。

去年夏天，另外一家銀行拿著大筆紅利來挖角，要喬伊跳槽過去。那筆紅利數目之大，令他拒絕不了（而他也沒拒絕）。小組經理對喬伊說再見的時候，流露出每個經理人失去旗下業績高手時都會感受到的由衷遺憾。「眞希望我有辦法把你留下來。」

## 他們的自動自發在哪裡？畫面3

一家大型媒體公司所有的高階主管達成共識，每個月要挪出一天時間親近客戶。九月某一天，一位資深副總帶著某區分公司的幾位經理去拜訪當地的客戶。這天最後一站是該公司最大的新客戶之一，一家雷射角膜重塑術的外科診所。

這位副總極盡能事大獻殷勤，客戶愛極了這樣的重視。結束之際，副總傾身向前，對診所的主任說：「我會寄個東西給你，好讓你更了解我們剛才討論的事項。」

這家外科診所什麼也沒收到。

一年後，就在這家診所內，客戶對該媒體公司的業務經理主動提起去年的這檔事。她正在解釋，為什麼今年會選另一家媒體設計來年的廣告。「你們都是一個樣，」她結論道，帶著明顯受傷的語氣。「說過的話根本不去做。」

你或許會說，只要把組織方針溝通得更清楚、找到更好的配稱人才（例如雇用不會棄守投敵的人），或是讓執行之路更加平坦（例如設法讓員工更投入），就可以彌補這三則小故事裡的紕漏。如果你的分析是那樣，那你是沒抓住重點。

想想美國交通運輸業者的困境（早在九一一之前便已如此），聯美的頭等艙服務員應該了解，每一位乘客對聯美而言都是珍貴異常，尤其是頭等艙的顧客和搭機的常客。尼克兼具兩者身分——他一飛就是十萬哩，而且每趟出差不是坐商務艙就是頭等艙。這家公司的營收有百分之四十六來自百分之九的顧客，尼克就是這戔戔少數之一。這位服務員對此一定心知肚明——尼克排在頭等艙隊伍中，他十萬哩程的數字就顯現在她面前的電腦螢幕上，更何況聯美多年來一直致力於提高第一線員工的客服品質。這位服務員只要費個舉手之勞，就可以做到尼克的期望。她眞正欠缺的，是自動自發的精神。

一家公司必須延遲或打破對員工的承諾（例如喬伊效力的銀行），如果是情勢所逼，最好對員工好好解釋一番，而且動作要快，否則對方會往最壞的地方想。人力資源部門深明此理，而他們也知道，失去一位績效高手的代價非常昂貴——替代的人選不可能創造同樣的業績、若干重要客戶會跟著這人離開而流失，這些都是可能的風險。然而，這家銀行卻沒有半個人想辦法安撫這位業務高手，最後逼得他投向了立場敵對的同業。這裡頭缺了什麼？自動自發的精神。

地區副總承諾要寄來「某個東西」，可是始終沒寄來，這使得雷射外科診所的主任深感失望。這股失望點燃了她的好奇心（「咦，說不定，我的廣告經費可以用在更好的媒體通路上？」），因而開門接受另一位競爭者的條件（「另一家索價比較低，」她想。「乾脆省點錢吧，反正這些人都是一個樣。」）每個從事業務和行銷的人都知道，失望的顧客非常容易流失，而要找個客戶來遞補，成本非常之高。可是，那位副總和當地幾個經理依然任由自己食言而肥。（當地經理大可提醒副總他做過的承諾，或是和副總的私人助理聯絡，寄出某些資料好讓客戶滿足）。這裡也一樣，他們唯一欠缺的，是個人的自動自發。

## IKEA的自動自發

傳統智慧說，要員工自動自發，管理者必須強化個人的責任心（於是研擬出各種最低績效標準計畫），並且對績效不良者給予嚴重懲戒（例如，每年將績效敬陪末座的人請回家吃自己）。只是，一如我們在本書中看過的許多例子，傳統智慧常常是錯誤的。

根據本書側寫過的經理人和組織，要讓員工（無論是個人或團體）展現足夠的自動自發，責以嚴格的責任心和施以嚴厲的後果懲罰，都不是有效的策略。

IKEA的全球業績高達一百二十億美元。二〇〇二年，在Google上鍵入「Zwitgeist」

項目（譯註：德文「思潮」之意），ＩＫＥＡ是零售業的榜首，也就是利用 Google 搜尋引擎得到的數十億筆資料中名列首位的零售業者名稱。ＩＫＥＡ也是 Google 榜單上的第五大品牌，緊跟在迪士尼之後，比戴爾和微軟的排名還前面。二〇〇二年，ＩＫＥＡ在美國的傢俱、寢具、居家配飾販售業中銷售量居於第七，隔年他們就開了九家新店，二〇〇七年打算在北美增加到五十個據點，屆時有望坐上業界的冠軍寶座。

ＩＫＥＡ的成功，部分要歸功於他們發人深省的供應鏈管理。該公司和貨源廠商結夥聯盟，慷慨共享專業技術和資本，這樣一來，他們不僅可以用最低的成本取得貨品，也擁有最精簡、應變最快的製造及配銷管道。ＩＫＥＡ的成功，部分要歸功於他們爲顧客設想的同理心。該公司的設計團隊和眞實的群眾非常貼近，他們觀察入微，定期推出令人驚喜的產品，在賞心悅目和低廉售價之間取得完美的平衡，讓顧客不必花大錢就能解決一大民生問題。ＩＫＥＡ的成功，部分也是拜他們獨特的升遷及行銷制度所賜。可是，如果沒有那份非比尋常、在所有部門的同僚身上都展露無遺的自動自發，ＩＫＥＡ不可能成功若此。

舉ＩＫＥＡ的行銷宣傳部門爲例。ＩＫＥＡ一百二十億的業績，並不完全是靠它古靈精怪的電視廣告、四彩的產品型錄或是大幅報紙廣告得來。它的廣告經費有一半是花在店面上——由全職的室內裝潢設計師、視覺產品設計員、建築師和美工設計所組成的團隊，創建了數十種不同的生活風格，不但成功推銷了ＩＫＥＡ的品牌，也讓它獨特的產品和活動盛事得以推廣。

「ＩＫＥＡ想要傳達一種新的生活、新的居家風格。所以我們主動去探究人們在住家中會遇到的眞實困難，」ＩＫＥＡ北美地區的行銷主任蕾納・西蒙森博琪（Lena Simonson-Berge）說。「舉例來說，我們可能想像一個女人和女兒住在一間小公寓裡，生活很不容易。她們如何運用有限的預算，將這個小小的空間布置成兩個臥房、一個餐廳、一個客廳，讓它成爲一個適於招待親友、做功課、甚至每天住得舒服自在的居所？」爲了回答這樣的問題，西蒙森博琪設定目標，把每家店面都設計成一趟發現之旅，好讓購物的客人感受到ＩＫＥＡ獨特的風格、創新的思維，以及低廉的價格。

行銷小組一開始就得做很多功課——在眞實的情境下與眞實的顧客交談、多方觀察，接著集思廣益，草繪出設計藍圖。在聽取現場和產品小組的批評與建議後，每家店的自有團隊會造出一間功能完整、三度空間的概念屋，將ＩＫＥＡ最佳的新產品概念展示出來。這樣的過程每家店每年都要來個三十五回，每個概念屋都是獨一無二的ＩＫＥＡ品牌的例證，而他們對執行細節的細心與用心，足以和迪士尼世界相提並論。

只要做做算術，你就會發現，ＩＫＥＡ的行銷有多麼依賴每位同仁的自動自發。

十八間店，每家都有一組二十人的創意團隊，每年三十五個全景樣品展示屋。算起來，三百六十個全職人才每年要負責六百三十個重大工程計畫。除去施工、完工的時間不算，每個展示屋都需要好幾天做研究、創意想像、做出模型。爲了配合ＩＫＥＡ的行事風格，每個成員都必須熱誠有加、才華洋溢，他們的重心除了放在各分店的優先要務上，也要兼顧不同的市場需求。再加上ＩＫＥＡ的行事圭臬：凡事都要以「精簡的手段」（也就是在往往最容易撒大筆鈔票的行銷上分配最儉約的預算）完成，所以你總有一大堆事情要做、一大堆期望和可能的衝突要處理。可是，西蒙森博琪說，ＩＫＥＡ落實了所有的執行工作，無須管理階層用力推動、緊迫釘人。

「ＩＫＥＡ用的是什麼樣的執行制度呢？」

「我們不用嚴密監控那一套，非盯著員工執行工作不可，」西蒙森博琪解釋。「每個同仁都很在乎自己的工作、自己的貢獻。我們只是信任他們而已。」

二〇〇三年，ＩＫＥＡ在八個月內開的新店數目打破了它以往的紀錄。ＩＫＥＡ北美地區的總裁柏妮爾・史碧爾絲羅佩茲（Pernille Spiers-Lopez）在解釋這樣的執行效率時，說的話也是大同小異。

「何必要把所有的人放在固定的位置上才能完成行動？我們發現，放手讓大家自由做事效果更好。」史碧爾絲羅佩茲說。「只要你擁有的是幹才，然後提供他們必要的資源——資訊、知識、工具——，我們相信不必催也不必盯，他們就會把工作做好。」

可是，其他公司也有幹才，也提供清楚的指示、周密的計畫、一切必要資源，員工依然無法展現足夠的自動自發。ＩＫＥＡ憑什麼不一樣？

「我其實也說不上來，」聽到這個問題，史碧爾絲羅佩茲回答我。「他們就是做到了，而且是自然而然。我們發現，如果員工有熱誠，而領導階層也有能力營造適當的情境，什麼也阻擋不了他們。」

「我們會溝通、會集結人力，而且我們具備人文關懷，」西蒙森博琪在闡釋ＩＫＥＡ風格的時候補充道。「我們有價值觀。就是這麼簡單。」

## 答案眞的那麼簡單嗎？

一本講行動的書不能光是抛出空洞的理念（例如要有熱誠或適當的情境）和籠統的準則（例如有價值觀或具備人文關懷）。畢竟，一如第一個基礎磐石所言，含糊不清的指令是眾多期望無法達成的原因。我希望ＩＫＥＡ給我明確的答覆——如何激發熱誠、什麼是適當情境的組成元素、什麼樣的價值觀可以驅策自動自發、一個業務經理人如何在人文關懷和激烈競爭之間取得平衡。遺憾的是，除了籠統的語彙，ＩＫＥＡ高階主管沒能給我明確答案。

不過，光是因爲那些主管無法對他們的作爲做出明確的解釋，並不表示他們沒有在做事。說不定那些策略和戰術已經深植於ＩＫＥＡ的文化當中，已成爲它環境的一部分，所以管理者想都不必去想，就像他們店裡一年到頭的氣溫控制或照明一樣。

因此，我們不必再追問他們細節，我們必須轉而利用直覺，就像老闆抛來語焉不詳的目標時我們該做的那樣。我們得從字裡行間裡找線索。

仔細推敲西蒙森博琪說過的話，你會慢慢解開這個密碼。

## 1 〈在IKEA〉，每個同仁都很在乎自己的工作、自己的貢獻。

一個人可以選擇要不要把心放在目前正在做的事情上。這是強迫不來的。領導者必須決定，他的企業要找的是做事純粹只是爲了別讓老闆找麻煩的員工，還是那種一定會把心放在落實執行上而遵守特定指示去做的部屬。很多公司選擇前者，IKEA則是後者。

## 2 我們具備人文關懷。

根據韋氏線上電子辭典的定義，人文關懷是一種以價值觀爲重心的生活方式，對於個人的尊嚴、自我價值感和自我實現能力尤其強調。這是所有管理者的基本議題，無分任何階層。在傳統的管理方法當中，對於尊嚴、自我價值感以及個人成長的關切往往付之闕如。大部分的企業抱持的心態是：「這是個狗咬狗的世界，等天下太平後我們再來談人文關懷。」然而IKEA以與眾不同的人文關懷原則在激烈競爭的需求當中取得平衡，他們在鼓勵與扼殺同仁自動自發之間找到了分際線，而且努力不去逾越它（這一點我們在「建立一支『熱團隊」中已經檢視過，在稍後「找出適度的責任線」章節中還會有更多補充）。

## 3 我們只是信任他們而已。

日常的職場環境足以激發熱誠、能力、關懷、亟欲貢獻的渴望，同時讓員工深信團隊所作所爲意義重大，而即使做到了這一步，管理者還得展現出對部屬的信任。這是IKEA和其他企業最大的不同。很多經理人一味依賴威權控制的手段，因爲他們心裡告訴自己：你不能信任員工。IKEA的主管群採取不同的觀點，行事風格也因此大異其趣。

## 自動自發可以自然而然

對於ＩＫＥＡ的西蒙森博琪和史碧爾絲羅佩茲所言，培拉企業執行長梅爾‧洪特（「人人都必須放下」一章中介紹過）深表同意。「我們忘了，這些在工作上朝夕相處的同仁下班回家後，無須經理人用力推動、緊迫釘人，就會憑著一己之力興建教堂、裝修布置學校教室、幫鄰居修理汽車、為本地心臟協會籌組募款會，」這位全美生產力名列前茅的製造廠家的掌門人說。「我們只要釋放同樣的驅動力量，讓他們集中在工作上就好。」

此外還有《華爾街日報》的瓊安‧莉普曼。耶路通運的比爾‧卓勒斯。三達通訊的執行長詹姆斯‧克羅威。聯合廣場服務集團的理查‧科瑞恩。ＩＤＥＯ的湯姆‧凱利。嘉信理財的琳達‧洛克伍德。美國品質獎得主ＳＳＭ健康照顧的瑪麗‧珍‧萊昂修女。我們都分享過他們關於改善行動力的洞見和利器，而他們也都認同洪特和ＩＫＥＡ那兩位主管。他們每一位都是同一策略戰術的履踐者——釋放員工的自動自發，將他們集中於工作上——，而不依賴用力推動、緊迫釘人的手段。

而經理人應該如何激發這些動力呢？透過廣泛的研究、長時間的對話、對ＩＫＥＡ以及本書奉為楷模的其他企業的主管的觀察，三個明確的管理策略呼之欲出。這些策略每一個都扮演了關鍵的角色，能將個人的自動自發維繫於不墜。

它們是：目標共享、展現尊重、找出適度的責任線。

# 11
# 目標共享
## 結合個人及組織的共同目標，就能鼓舞士氣

管理者除了預見並清除執行之路的屏障外，
還得多做點事情。
企業主管必須給員工一個「理由」，
以協助部屬在艱困的環境中奮發向上、
發揮必要的自動自發以達到上級的期望。
要讓員工全心全力投入工作、
在並不完美的環境下堅持達成使命，
不能只是以金錢利誘。
莎士比亞指出了一個解決辦法。
這個對策就是：目標共享。

我們的職場並不是一個完美的世界。總有東西擋著你的路，總有始料未及的障礙迎面襲來。這表示管理者除了預見並清除執行之路的屛障外，還得多做點事情。企業主管必須給員工一個「理由」，以協助部屬在艱困的環境中奮發向上、發揮必要的自動自發以達到上級的期望。這樣的挑戰逼得管理者不得不思索幾個基本的人性問題。

- 什麼樣的動力能夠驅使眾人勇於克服橫逆？
- 什麼樣的原因能夠讓一般員工無畏於艱難甚或看似無望的困境，一心一意只想貫徹執行？
- 當事情陷於泥沼，眾人紛紛棄守掉頭之際，爲什麼某些人就是可以做個深呼吸，努力衝破難關？他們的力量從何而來？

九〇年代的企業主管曾經以爲他們找到了答案。各家公司紛紛釋出股票和擇股權給所有的員工，不再讓高階主管獨享，他們的想法是：讓員工當老闆，可以讓員工有「老闆的擔當」。

然而，蓋洛普民調中心的寇特・柯夫曼（Curt Coffman，《首先要打破成規》作者之一）指出，即使在股票市場泡沫的最高點，七一％的員工對於他們的工作依然沒有全心投入。很多人照舊是上班時猛看錶，等不及要下班回家。直到今天，這個數字仍舊沒有太多改變。

顯而易見，要讓員工全心全力投入工作、在並不完美的環境下堅持達成使命，管理者不能只是以金錢利誘。

莎士比亞指出了一個解決辦法。他曾經描述英法戰爭的阿讓庫爾戰役，如果你仔細推敲這段文字的字裡行間，會看出一條十拿九穩的對策，保證能讓眾人起而對抗艱困，展現足夠的自動自發。這個對策就是：目標共享。

## 莎士比亞和目標共享

那一幕的場景，是一四一五年一個冷冽的十月天，拂曉時分，一個軍營裡。英軍經過許多天的行軍跋涉，已是兵疲馬困。士兵知道敵軍數目是他們的六倍，寡眾懸殊眞是令他們惶惶難安。他們站在軍營中望向戰場，只看到汪洋般的及膝泥漿。有人大聲祈禱，希望情況可以改善，也祈願一些留在後方的同胞能夠身在戰場，和他們並肩作戰。

亨利王知道，他贏得這場戰役唯一的勝算，是讓這群有老有少的男丁展現不尋常的自動自發，以克服惡劣的局勢。他聽到那人的祈願後立刻說道。

「不，」他以全軍都聽得到的聲量說。「我不希望再增加一兵一卒。」爲什麼?亨利王解釋，他的目的是贏得榮耀，而戰鬥的人越少，「分得的榮耀就越多。」接著他告訴旗下所有的人馬，他會帶著感激之情，和每個人分享這份榮耀。接著他描繪出一副動人心弦的情景，告訴這些士兵：等到那天到來，他們的榮耀和其他所有選擇留在安全家園的同胞會有多麼大的不同：

我們是少數，快樂的少數，這群弟兄們／因爲，今日和我一起流血的
都是我的兄弟／無論他曾犯下多少罪惡，都因今日而淡化
而那些留在英格蘭的男人，現在睡在床上／將會因未能身在此地而厭恨自己
任何人說到與我們一同奮戰的人／男子氣概自會低矮一截

在毫無指望的情勢下（敵眾我寡、糧缺援絕、勝算近乎無望），亨利王和他那群弟兄在阿讓庫爾戰場上奮戰。雖然境遇極其惡劣、勝算微乎其微，亨利王的目標激發了每個英國戰士必要的自動自發。一日將盡，法軍敗北。

莎士比亞的結論非常顯見：目標共享是一股大力量，它能驅使眾人一鼓作氣，全心全力落實行動。

## 救火英雄們的目標共享

時空換到現代，因目標共享而發揮力量的例子在任何消防隊中上演著。「消防隊員和一般人不同的地方，就是當警鈴一響，他就得進入災區，竭盡所能提供一切必要的協助。」紐約消防隊首席副隊長威廉・傅里漢（William Freehan）侃侃而談。

這位已亡故的副局長曾於一九九二年接受訪談，解釋爲什麼在其他人紛紛逃離現場之

際，消防隊員和救難人員卻能奮不顧身投入火場。紐約消防隊對九一一事件中英勇殉難的三百四十三位消防隊員（包括傅里漢自己）製作了一個紀念節目，這段訪談就是節目中的片段。令人驚訝的是，他這番談話和莎士比亞四百年前的洞察如出一轍。

● 救火隊員和救難人員共享的是一個比自己還重要的目標。亨利王的士兵爲榮譽而戰，傅里漢的屬下則是爲救人而戰。傅里漢提及紐約消防隊一萬六千三百三十名救火隊員、救難人員、警官、警長、警員和支援幕僚時說：「這個部門存在的目的是服務本市的市民。我知道這話聽來挺八股，不過這就是我們存在的理由。」

● 這個目標無法用金錢來衡量。歷史的教訓清清楚楚：以金錢爲目的的人要打敗爲目標而奮戰的鬥士，門也沒有。亨利王告訴他的士兵：「我不是貪圖黃金。」消防隊也一樣。傅里漢說：「看到陌生人受難立刻伸出援手，即使你有可能因此而置身於萬劫不復的危境當中——我不認爲你可以用錢買動別人去做這種事——誘因一定是出於金錢以外的東西。」

● 自動自發的獎賞是：你會得到意義非凡的肯定。亨利王告訴他的士兵，他們的努力會讓他們永垂不朽。「別人會記得我們，」這位王者說。紐約消防隊也一樣。傅里漢說：「我們有自己的紀念日，我們會去位於一百街上的紀念碑前，追念去年一年所有喪生的隊員，無論是因公殉職還是自然死亡。我們每年都這樣做。」

不管是和火苗奮戰還是和國家的敵人打仗，共同目標都能促使你自動自發。企業界又如何呢？在相對而言較爲制式的職場情境下，相同的目標能不能驅動員工貫徹行動呢？

## IKEA的共同目標

有人說，IKEA的創辦人英格瓦．坎普拉（Ingvar Kamprad）在建立他傲視全球的家居事業之初，除了兩手空空，什麼都沒有。確實，他沒有祖蔭遺產，沒有銀行貸款，也沒有任何資源去週轉他的夢想。可是，他的手並不是空的，絕對不是。他有精力，有想像力，更有一股想證明自己的強烈渴望。而且，他有「目標」。

「各位一定注意到，要收支平衡並不容易，」一九四九年，坎普拉寫信給客戶。「爲什麼呢？各位自己也生產不同的貨品（牛奶、穀物、馬鈴薯等），我想光靠這些東西賺不到多少錢。沒錯，我很確定，各位賺不了多少錢。可是，所有的東西都貴得嚇人。很大的一個原因是因爲中間商的關係。我們目前已朝著正確的方向踏出一步——以各位向中間商購買的價格（有時候甚至更低）提供貨品給各位。」

由這樣的思維出發，坎普拉精煉出一個足以引導自己和初期那些員工往前邁進的目標。「IKEA，」坎普拉以同理心昭告世人。「要爲大多數的人營造更美好的家常生活。」

坎普拉的目標，也就是IKEA的主管在闡釋該公司「自然而然的」自動自發精神時所指出的：「IKEA之所以有今天，並不是拜一小撮人高高坐在山頂上睥睨眾生之賜。IKEA的成功，要歸功於我們的員工，」IKEA的行銷總監蕾納・西蒙森博琪解釋。「對於我們的企業理念，每個員工都抱持著程度不一的熱情。」

一如坎普拉於半世紀前所楬櫫的，這個企業理念就是：讓大多數的人因爲IKEA的存在而有個更舒適、更便利的居家空間。這個理念鼓舞了採購員、設計師和經理人，他們因此自動自發，在自己的工作崗位上極盡想像、馳騁創意。

- 「我們不是買產品，」IKEA的採購員說。「我們買的是生產能力。我們找的都是不同於傳統的貨源，例如找滑雪設備的供應商製造桌子，請襯衫製造廠家利用多餘的產能製作椅墊。」爲什麼？因爲這要比向傳統家具廠採購更能物超所值。他們就是靠這個方法和坎普拉共享目標。
- 這個共同目標不斷挑戰著IKEA的設計師。「爲什麼外表好看、功能好用的家具一定要那麼貴？」IKEA的設計師自問。「任何設計師都能用七百元的成本製造一張桌子，可是唯有最好的設計師才能用七十元造出一張桌子。」所以他們的產品不但兼具昂貴設計品的美觀和品質，而且價格低廉，普通人輕輕鬆鬆就付得起。
- IKEA的高階主管不但驅策自己學習本業，對於供應商的行業也不斷鑽研，以期共同攜手「爲供應廠做好設計、建立營運，」因爲這有助於降低成本。他們主要的動機並非利潤共享，而是「爲大多數的人營造更美好的家常生活。」

## 其他成功企業也有共同目標

許多深具創意的企業都是基於一個共同目標而創建，ＩＫＥＡ只是其一。例如，迪士尼。華特・迪士尼當初和看壞他魔幻王國的債主及市政當局對壘，並不是爲了要「擴張迪士尼這個品牌」。驅動他創建迪士尼世界的，是他念茲在茲的唯一目標：建造一個「能讓大家快樂」的地方。是這個目標，而非冷冰冰的企業分析，使得迪士尼聲名大噪，並且締造了它綿延數代的成功傳奇。

山姆・沃爾頓（Sam Walton，威名百貨的創辦人）的目光，並不是聚焦於「爲二十一世紀的連鎖商店重新界定典範。」他之所以堅忍不拔，熬過多年的艱苦歲月（沃爾頓和他那些創店元老也曾有過多年的慘澹經營），是爲了建造一個企業，「讓普通人也能買到有錢人買的東西。」

三十年前，查爾斯・許華博（Charles Schwab）坐在牌桌旁，思索如何改善投資散戶的生活。直到今天，嘉信理財的一萬九千名財務專員依然共享著這個目標——他們要成爲「世界上最有道德、最具效用的財務理財公司」，而不是規模最大、賺最多錢的公司。

麥可・卡蘭（Michael Cullen）在繪製藍圖、草創美國首家自助式超級市場的時候，並沒有把自己或他的同僚視做是商場人士。他以獨自飛越大西洋的第一人、美國英雄人物也是探險先鋒的查爾斯・林白自許。「你能想像民眾對這樣的超級市場會有什麼反應嗎？」卡蘭寫給他當時的老闆，克魯格連鎖商店的總裁。「我會成爲零售業的魔術師。」克魯格拒絕成爲這個目標的一份子，可是其他人卻加入卡蘭，創立了金庫侖（King Cullen）開架售貨商店。這在零售業界來說，不啻是個革命性的新觀念。

如今大家或許已淡忘，可是九〇年代初期美國線上創業，是基於一個目標：「我們要創造一種新的媒介，它會像電視和電話一樣成爲眾人生活的重心，只是更有價值。」因爲這個目標，史帝夫・凱斯（Steve Case）不僅啓發了員工不凡的行動力（尤其在該公司篳路藍縷的初創時期），同時還得到多達一萬六千名志工的協助。（《富比士》雜誌報導，這些群集於線上服務中心幫忙監督聊天室的志工，從一九九二年到二〇〇〇年，一共爲美國線上省下了十億美元）。

和時代華納合併之後，這個共同目標卻開始失焦，美國線上之所以跌得這樣深，這確是導因之一——內部消息指出，該公司後來完全向錢看，至於提供眾人異常珍貴和便利的科技工具的目標，早已拋諸腦後。

共同目標對於所有人的吸引力何在，作家蕭伯納曾經有過這樣的詮釋。「生命中眞正的快樂，」蕭伯納寫道。「是受一個你自認爲是遠大的目標所用……你會成爲一股自然的力量，不再是個營營碌碌、自私自利的小泥塊，也不再滿腹牢騷，抱怨這個世界沒有盡力讓你快樂。」

## 爲你的團隊找個目標

懸壺濟世和滅火救危，這兩種工作顯然都涉及非常遠大的目標。可惜並不是每個人都能行醫或救火，也不是每個管理者都是高瞻遠矚、矢志要改變世界的實業家。很多管理者因此很難想像，他們可以有什麼樣的目標。

賣鞋子、晚餐、植物或盆栽土，能稱得上什麼遠大嗎？製造發電機、爲交貨排定日期、研究退休金制度或本書提及的眾多平凡無奇的產品和勞務，又有多少目標可言？無分規模大小，在「任何」企業單位當中，眞有鼓舞員工個人自動自發的「共同目標」存在嗎？（說不定你現在就在一個沒有目標的組織中領導某個團隊）。絕對有。你可以從三個地方去找：

1 透過顧客的眼睛去看你正在做的事情。
2 問問自己也問你的部屬：「你今天早上爲什麼要起床？」
3 檢視你的動力來源，看它是不是源自於同仇敵愾——打敗一個共同的敵人。

### 1 透過顧客的眼睛觀看

你長大後想做什麼？八、九歲的時候，你是不是已經知道自己會變成生意人？還是你會幻想自己成爲獸醫、老師或是義勇消防隊員？

如果你細聽小孩子對於自己長大後的夢想，你會聽到一個共同的基調：他們絕大多數都認為自己會做一些對世界有好處的事情。

這就是你可以找到目標的第一個所在——你的產品和勞務為他人帶來的好處。一個美麗的花園。一雙完美的皮鞋。一份足以保障一個家庭未來的退休計畫。幾乎每種產品或勞務（香菸這類東西除外）都具備這種潛力，能讓某人的生活大幅改善或更加快樂。你唯一要做的是從顧客的角度來看你的目標——理解他們對你提供的產品勞務欣賞哪些地方，然後據以擬定目標。

看完下面這個故事，你應該會有所領悟：透過顧客的眼睛去看你的事業，對你的生意有長足的影響。這個故事說的是市郊一個小小的苗圃（過去是很小）和它大大的共同目標。

## 克里斯和瑪莉的栽植農場

五年前，澳洲墨爾本（人口約三百五十萬人）有三個小規模的花圃中心，和一個名為袋熊峽谷的小小批發苗圃。

在那個「邊疆地帶」，花草植物的零售管道和北美、歐洲殊無不同。那裡也有超級市場，當地也有植物商店，還有其他林林總總的競爭對手。這個行業利潤甚薄，顧客口味變化無常，幾乎每個經營者都只能勉強餬口。

袋熊峽谷由兩個合夥人共同經營。比爾年紀較長，是個性格堅毅、經驗豐富的零售商。

對於這種捉襟見肘的生意，比爾深諳經營之道——如何以最少的成本買進盆栽，如何保持開銷不透支，而且每個員工都得賣老命。

他的合夥人克里斯，則是個瘋狂科學家類型的人。他會在建議種植哪些花草較好之前，先舔嚐客戶花園裡的泥土。克里斯也很會混種，例如一種「絕對死不了的樹」。他做的每一件事都是以幫助顧客爲目的，好讓即使是「棕姆指」之輩也能有個賞心悅目的花園。

有一天，克里斯聽到有人說起共同目標的力量。刹那間他領悟到，如果他能找到一個目標，就能讓公司裡的每個人受到激勵，對一己的職責熱誠以待。

他透過顧客的眼睛去尋找目標。「花園爲人們帶來無可想像的快樂，」克里斯解釋。「如果我們能美化顧客的後院，尤其以意想不到的低花費，他們一定會欣喜若狂（澳洲人對開心的形容詞）。」於是，「爲客人提供一種充滿探險、美麗和豐富的經驗」，就成了他的目標。

他的合夥人比爾對於克里斯和他這個「目標」很不以爲然。他認爲做生意就是爲了賺錢。幾個月後，兩人因爲無可化解的歧異，決定分道揚鑣。

你可曾有過強烈想與某人一刀兩斷，以至於根本不在乎對方拿走什麼實質東西的經驗？克里斯的感覺就是這樣。因此，當比爾分產業的時候（自己拿走兩塊最新最好的地點，把距離墨爾本人口薈萃地區好幾哩外的街角老店面留給克里斯），克里斯一點也不在意。他要的是能夠體現一己目標的自由，而且他的想法是：船到橋頭自然直。

其後三年，克里斯從劣勢地位（最壞的地點、一大堆帳單、激烈的競爭）搖身變成整個墨爾本市場最成功、總營收最高的植物栽種事業。他的表現不僅超越了比爾，也超越了那些規模更大、資源更豐厚的超級大賣場。二〇〇四年，克里斯和妻子瑪莉開了第四家分店。他們開始販售混合盆栽和肥料的獨家系列商品，研發出數十種植物界的創舉，例如一盆包含五十種年生植物的盆栽售價不到十美元，卻依然利潤可觀。預計到二〇〇五年年底，他們的營業額比起過去的生意營收來可望成長十倍之多，甚至可能擴展到全澳洲（如果克里斯找到夠多的人和他共享目標的話）。而比爾已經退休。

在當今這個高速運轉的世界裡，經營植物販售就跟製鞋、研擬退休計畫或是貨運服務沒有兩樣，堪稱平凡無奇。可是克里斯看到的卻不止於此，因爲他是透過顧客的眼睛觀看。而他的顧客對他這個目標的熱愛有如催化劑，催生了現已改名爲「克里斯和瑪莉栽植農場」的成功。你不妨上網去瞧瞧他們的成就：www.hellohello.com.au。

## 2 一個讓你早上願意起床的理由

你還可以在另一個地方找到你的目標。IDEO的湯姆．凱利（參見「建立一支『熱團隊』」）形容得好；他說，一個領導者必須讓屬下「有個願意起床的理由」。

一個名叫大衛的購物中心開發商解釋他早上起床的理由：「這個〔開發案〕是一塊畫布，供我在上面揮灑，」他說。儘管一堆不合理的法規令人跳腳，儘管投資房地產的未來有財務風險，可是他奮戰不懈熬了過來，就是因為聚焦於這個目標。這位開發商以畫家自許，要藉著改變社區景觀表達自己的藝術。

其實大多數的經理人都想得出來，工作上有哪些地方可以帶來極大的成就感，使得他們迫不及待要起床去做這些事。他們只須回答這幾個問題就好：

**(1) 當初是什麼吸引你進入這個行業？**

一家百貨公司的副總經理回憶道，她當初獲得新進採購助理職務的時候，她最感興奮的是對未來的憧憬。「小時候我好喜歡跟媽媽去買東西、和祖母一起製作新衣服、為洋娃娃盛裝打扮像要參加派對，」她說。「當我從售貨現場升遷到採購部門，我知道這是我替眞實女人盛裝打扮的機會，讓她們因為容光煥發而更加快樂。」

當初你進入目前的行業，一定是受到某樣東西的吸引，只是經過日復一日的消磨，它已經失去了蹤影。你不妨回頭想想，你剛得到這份職位時的喜悅或成就感。它能讓你和過去重新接軌，說不定還能演化成一個強而有力的目標。

**(2) 你的職場生活有哪些部分是你在不工作時依然用得到的？**

一個木匠下班途中在家居生活館替鄰居買了一副鉸鏈。為什麼？鄰居並沒有付錢給他。或許是因為他熱愛那種駕輕就熟的感覺，也或許助人時他最感心滿意足。

如果你可以找到一樣自己和週遭同仁在餘暇時也常派得上用場的事情，那麼找到共同目標很可能是水到渠成。

### (3)如果你的薪資減半，而工作量也減半，你會保留哪些職責？

被問及這個問題時，一位專精家庭法（離婚法）的律師回答：「我的工作其實法律專業的部分只占一成五，八成五都是在開導客戶，指引他們熬過即將來臨的生活改變。我知道他們會面對什麼，我幫助他們做好心理準備，這樣他們會好過很多，不至於陷溺於絕望的深淵，或是落入一心只想報復的牛角尖裡。不過，如果我有機會，我會把那五〇%不感激我的客戶甩掉，」他最後說。「費了那麼多工夫，連一句謝謝也沒有，太不值得了。」

顯然，這位專業律師投入這一行不只是爲了賺錢。他的目標是得到被人感激與肯定的滿足感。而什麼樣的事情能讓你知足到即使薪水減半仍然願意去做呢？

## 3 同仇敵愾

另一個發掘共同目標的可能來源，是替大家找個共同的敵人。畢竟，侵略是人類最原始的衝動之一。

專事企業軟體開發的仁科公司（PeopleSoft）和軟體供應商JD Edwards的合併案進行得極爲迅速而順利，大出所有人的意料之外。仁科一位內部人士說，這是因爲仁科知道，有個叫做賴瑞・艾利森（Larry Ellison）的敵人已隱隱在望。（二〇〇三年六月，艾利森的公司「甲骨文」蠻橫地宣布競標，打算惡意收購仁科。）仁科上上下下都相信，艾利森會毀棄他們原本的業務型態，這使得他們團結一致，每個人都顯現出不尋常的自動自發，也使得JD Edwards的合併過程更爲平順。

健康醫療的專業人士也曾從共同的敵人身上領受到相同的好處。茱蒂．何芙．吉特爾博士（Dr. Jody Hoffer Gittell）曾經寫過一份報告，題目是：「從相關觀點看病患照顧的協商」，報告中指出：「在醫療照顧管制的壓力下，醫院之間的障礙已日漸減少，慢慢邁向更好的協調合作……這股外在威脅消弭了醫療照顧供應者之間的一些地位界限。」「地位界限」這個詞彙的意思，是指某些人自以爲高人一等，例如，某個醫生或許認爲自己的意見應該比護士有份量。如今這樣的觀念已然改變，因爲無論是醫生護士還是支援幕僚、技師技士，都有了一個共同的敵人，那就是HMO（譯註：健康維護組織，一種預付性質的集體醫療保健制度，群眾可自願參加）。

一位醫生解釋他自己看法的改變：「這等於把一把槍頂在我們的腦袋上……要是我們堅持過去一貫的做事方法，我們勢必會化爲烏有，那可不是我們所樂見的。」雖然並不樂見，不過倒是逼得醫生護士攜手並肩，展現前所未有的合作。

麥可．哈利森（Michael Harrison）初創燈光警衛系統公司（LightGuard Systems）時，就是把一樁改變人生的事件當成共同的敵人。他的一個好朋友開車不小心撞倒一個路人，那人因此送了命。「我目睹到這樁意外對他的打擊，」哈利森說。「他的人生從此不一樣了，而這完全是因爲人行道設計不良所致。」哈利森於是發明了一個對策，打敗了足以毀掉行人也毀掉駕駛人一生的惡勢力。當車輛趨近有人經過的人行道時，鋪在馬路上的燈光警衛系統會閃現出琥珀色的光芒，警告駕駛路中有人，而且在一千五百呎外就可以看見。

「我不知道我們挽救了多少生命，不過每年平均總有九萬五千人受傷、五千人喪生，只因爲汽車沒有在人行道前停下而撞上路人。我們是在設法解決這個問題，」哈利森解釋。「拜這個目標之賜，本公司每一個工作同仁都是全心投入業務，即使困難重重也是全力以赴。」

## 一旦找到目標，要與人共享

我們在「評估更精準」一章提及SSM健康照顧機構的故事，就包含了目標共享的幾個方法。

SSM健康照顧機構旗下有二萬九千位同仁，他們的目光都集中於一個基本使命：「藉由卓異的健康照顧，昭顯上帝的醫治能力。」這是他們每天早上願意起床的原因。

歷經三千餘位同僚的集思廣益，SSM的執行長瑪麗．珍．萊昂修女才找到這個目標宣言。不過，和其他擁有類似宣言的企業不同的是，這個宣言並不只是往牆上一釘就等著被人遺忘。萊昂修女很清楚，這個目標（或曰使命）一定要由全體共享。

第一步，她從挑戰高階主管著手，要他們以書面寫下，這個使命需要他們做些什麼事情。「任何人都可以說自己卓異，」萊昂告訴她的主管團隊。「我們必須爲它做個界定，這樣才能夠加以測量。」

這些主管於是走出會議室，找出了五個可以共同界定卓異的特色：卓異的診療成績、卓異的病人滿意度、卓異的員工滿意度、卓異的醫生滿意度，卓異的財務成果，接著又以該行業的績效水準爲基準，爲每個特色做了更進一步的界定。該機構策略發展部的資深副總然後據以擬定內部評量制度，作爲評比會員醫院和所有部門的標竿。

第二步，萊昂和她的經營團隊和所有的經理人逐一討論，共同設想如何讓每位同仁藉由日常的努力爲這個目標做出貢獻。

最後，他們設計出一套爲員工設定目標並追蹤進度的機制，能讓每位同仁看得到自己和其他人努力的成果。

共享目標不只是振奮員工士氣。領導者還必須：

**(1)明確界定目標，這樣目標才會夠清楚，也才能測量。**

**(2)針對目標與全體同仁溝通，讓員工確知在體現目標方面可以做出什麼樣的貢獻。**

**(3)擬定目標的測量方法，確知每日、週、月的進度，如同營業額、成本和利潤一樣。**

除了這些準則，你還得加上紐約消防隊的洞見：找機會去肯定每個與你共享目標的人，並且予以制度化——你應該記得前面提到，紐約消防隊每年都會舉行儀式，紀念那些出生入死的弟兄。

## 克服冷諷熱嘲和質疑目光

希望以共享目標驅動員工個人自動自發的領導者得有心理準備。你勢必碰到一雙巨大的路障，一是冷嘲熱諷，一是質疑的目光。前者是員工對資本主義根深蒂固的冷眼心態所致，後者則是多年來的累積，因爲他們看多了經年來企業在實踐使命和願景方面的虎頭蛇尾，以及管理者在貫徹執行上的無能。這兩個都是很難攀越的屏障。

### 1 如何處理衆人的冷言冷語

就像克里斯園藝事業的第一個合夥人比爾一樣，很多人認爲做生意純粹是建立在自我利益上。爲自己爭取更多的慾望（把荷包塞得滿滿、物質生活更上層樓），是他們自動自發的原動力，其他沒別的。「這不過是一份工作，如此而已……我們拚死拚活，還不是爲了餬口，」靠薪水過日子的人這麼說。「外頭是個狗咬狗的世界，」一位腳踏實地的高階主管也語帶不屑地說。「哪有時間談價值觀和理想目標這種高調。」

印度裔的美國作家德索札（Dinesh D'Souza）曾在現已停刊的《工業標準》雜誌中發表過一篇文章，抱持的就是這樣的觀點。「我們就別騙自己了吧，」他在這篇名爲〈在錯的地方尋找意義〉的文章中這麼寫。「工作眞正的目的在於製造物品，還有製造金錢，」換句話說，他的言下之意是：以達到預算目標爲己任的管理者如果對崇高的理想也是同樣的念茲在茲，那不啻是把性靈準則放在錯誤的地方。

這個結論和亨利．福特當年聽到的回應有著驚人的雷同。一九一四年，福特決定將工人工資提高一倍，結果聽到的盡是冷嘲熱諷。

「這是有史以來最蠢的事，」許多實業家這麼說。《紐約時報》發行人評論道：「他瘋了，是吧？」資本主義發聲筒的《華爾街日報》對福特這個決策的批評是：「將性靈準則用在不恰當的地方。」

或許是因爲抨擊不斷，多年後福特對這個決定做出解釋，讓大家聽起來像是他提高工資的眞正動機其實是降低成本（因爲這樣勞工流動率會降低）和擴充需求（因爲這樣可以創造新的顧客群，讓這些工人也買得起福特製造的車）。不過，根據福特傳記作者羅伯特．雷西（Robert Lacey）的說法，這兩個收穫只是無心插柳，福特當初的出發點並非如此。

雷西的結論是：要不是看到勞夫．瓦爾多．愛默生（Ralph Waldo Emerson）所寫關於薪資背後的目的，這位汽車大亨絕不會改變他的薪資制度。「將最大利益施予他人的人是偉大的，」愛默生在他名爲〈論薪酬〉的文章中這麼寫。「受人之恩卻毫無回報則令人不恥。如果你手中一直握有太多的好東西，那你得小心。」福特咀嚼愛默生的話，想到他利用新的生產方法省下大筆財富，這才決定以「眞正的慷慨精神」與工人共享財富，雷西這麼寫。

根深蒂固的冷眼心態是邁向目標途中的一股逆向勢力，要克服它，第一步就是堅定信念，確信性靈準則在商業決策中「一定」有它的一席之地。本章開頭介紹過幾則實業家的故事，例如IKEA的創辦人英格瓦·坎普拉，他們之所以獲致莫大的成功，端賴一個目標之賜。只要你堅定這個中心信念，任何嘲諷都不能搖撼你的決心。

第二步，你必須有這樣的體認：你的團隊既是以目標爲動力，那麼不能認同你信念的主管就很難在這團隊裡找到立足之地。很多企業人士或許是太偏激、太沉溺於自我利益，也或許是自認爲太務實，要讓他們受到目標、榮譽、貢獻和熱誠的激勵有如天方夜譚。這無所謂，就當它是個人觀點的問題吧，不過你得把這些愛澆冷水的人請到別的團隊去。克里斯就是這麼做（見「克里斯和瑪莉的栽植農場」一節），他和比爾也因此各得其所。

## 2 質疑目光和冷眼心態有別

可別把深固的冷眼心態和理性的質疑目光搞混了。在工作上找個目標讓大家共享，以前不是沒有人試過。七〇年代，這東西稱爲「使命宣言」，八〇年代換了個名號叫「願景」，而無論什麼樣的名稱，通常沒有人能貫徹到底。千千萬萬的企業行號裡，這些宣言不只掛在牆上，內部溝通刊物裡也時時可見。可是，這些目標從來不曾以有效的方式讓員工共享過，也不曾眞正地成爲企業的首要之務。

有了一個共同目標，效果可以像亨利四世那樣一鳴驚人，這是許多經理人的期望。他們希望，只要有人登高一呼做個演說，立刻萬眾一心，士氣如虹。可惜，現實世界裡不會發生這樣的事情。

「員工第一次聽你談目標的時候，其實不會放在心上，」耶路通運的執行長比爾・卓勒斯說。「他們坐在那裡，心想：『這傢伙到底還要講多久？』或是：『他們說的東西自己都不動手做，那我們能怎麼做？』」

卓勒斯花了一年半的時間，到各地分公司訪視、在市政府大廳主持會議分享目標：「不要再把自己視為是貨運公司；要開始自許為服務的提供者。」而他對所有身懷同樣任務的人有個建言：不要失去耐心。

「員工一開始的反應會是茫然的看著你……或許只有百分之十的人點頭，」卓勒斯說。「等到第二、第三次，點頭的人可能變成四成。這時候你已經有了一些證據——你手上已掌握到若干具體的事證和事實，可以讓他們心有戚戚。某些人還會拿一些東西來測試你說的話可不可信。這才是目標起飛的時刻。」

「同一個地方你得去個三、四次，每次都把同樣的話說一遍，」卓勒斯說。「我們不斷把目標放在他們面前，不斷告訴他們（要言簡意賅）：這就是為什麼我們要談目標、為什麼它那麼重要的原因。而且不只我一個人說，所有經營團隊的人也都要再三的耳提面命。對於這個訊息，我們純粹就是不屈不撓而已。」

卓勒斯學到，只要鍥而不捨、不斷展現出全心投入的決心，你終會贏得那些質疑者的心。而除非你已確實準備好要破釜沉舟、貫徹到底，否則別找人與你共享目標。

# 12

# 更多的尊重

## 欠缺尊重，就欠缺自動自發

「在工作依存性高、局勢捉摸不定、
時間分秒必爭的環境中，尊重是無任必要的，」
《西南航空》作者吉特爾教授諄諄教誨。
「不管是事實還是員工自己的認知，
缺乏尊重都是企業的威脅；
它會阻斷企業前進的力量，
以致於無法達到更高的品質和效率。」

一九九六年五月九日午夜將至，十九名極限探險家外加一位曼哈頓社會名流、一個達拉斯醫生和一個西雅圖郵局職員，離開他們艾佛勒斯山的第四營地，準備攻上聖母峰頂。這次探險由兩個聲望甚隆的登高專家帶隊：歷奇顧問團（Adventure Consultants）的羅伯．赫爾（Rob Hall），以及高山狂熱公司（Mountain Madness）的史考特．費雪（Scott Fischer）。

他們的計畫是在中午時分登上峰頂，天黑前全體回到營帳。然而，事情進展不如預期。雖然史考特．費雪規定在先（如果你到了兩點鐘還沒爬到峰頂，無論如何都要回頭），二十二個登山者當中有十七人兩點多了依然繼續朝著峰頂攀爬，包括赫爾和費雪自己。

費雪當初這項規定是擔心會出事，他的憂心不是沒有道理，這場向晚時分的攀爬確實釀成了大禍。他們逾越了警示訊號，瓶頸造成更多的延宕，氧氣也已用罄。一陣暴風雪突如其來，夾雜著颶風強度的怪風對著這個探險隊猛烈吹襲，不管是業餘的登山客還是專業的嚮導，腳下都失去了重心。

二十二名登山者最後有五人命喪高山，包括赫爾和費雪，而其他人不是身受重傷就是嚴重心理受創。

這個悲慘的冒險故事多次被人提起。記者強．克拉庫爾（Jon Krakauer）以它爲題材寫了一本暢銷書《巔峰》（*Into Thin Air*），雜誌報導無數，電視台將它拍成電影。可是，有個多數人都沒注意到的重要教訓卻隨著這個令人痛心的經驗深埋地底：每個管理者都必須了解，尊重與團隊的自動自發息息相關，尤其在詭譎不定、涉及緊迫時間和巨大風險的情境下。

# 艾佛勒斯峰的教訓

在艾佛勒斯峰上，意外和死傷並不是絕無僅有的巧合。多年以來，共有一百六十位登山客在攻頂的過程中喪失了性命。

由於風險極高，赫爾和費雪一開始就把話說清楚，要這群業餘探險者務必遵守一條嚮導與客戶之間的協議。「我們有個非常明確的戒律：絕對不能質疑嚮導的判斷，」克拉庫爾在《巔峰》中寫道。

根據克拉庫爾所寫，羅伯．赫爾不斷對他們耳提面命，務必讓每個人了解這項協議的重要性。他頒布一項嚴格的律令：「在山上，我不容許任何異議，」他在營帳裡告訴大家。「我的話就是絕對的法律，沒得商量。如果你不喜歡我做的某個決定，我很樂意事後和你討論，可是在山上不行。」

赫爾就像眾多經理人一樣，他們先是發出明確指令給員工，然後要求無條件的服從。他念茲在茲的是兩件事：（a）將失誤降到最低；（b）所有事情都要依照行程表完成。

赫爾擔心的是，萬一緊湊的行程被打亂，這些經驗較少的隊友說不定會因爲太在意「一心攻頂」（意指即使被告知繼續攀爬並不安全依然執意前進）而與他爭論，置他的規定於不顧。他也擔心大家的安危。畢竟，這些人是他的責任，他不希望他們做出錯誤決定而導致自己或任何人受傷。

然而，雖然立意良善，他的嚴格律令和要大家絕對服從的要求，勢必讓隊友感覺赫爾不尊重他們。如果你將赫爾制定的這一則客戶嚮導協議仔細讀一遍，你就會知道，他們爲什麼會有這樣的感受。

任何準備進攻艾佛勒斯峰頂的業餘登山者，一開始都會感到極度的脆弱。他們身處惡劣的環境，獨自周旋於陌生人群中，面對著過去未曾有過的艱險經驗。爲了將這種無助感降至最低程度，每個人都花了大把鈔票（高達六萬五千元美元），僱請赫爾這樣的專家替他們眼觀四面，耳聽八方。

現在，在高山上，這位備受信任的嚮導告訴他們：「如果你不喜歡我某個決定，我很樂意事後和你討論，可是在山上不行。」請注意，赫爾選了「喜歡」這個字眼，這是一個充滿情緒的字眼，帶有不成熟甚至格局太小的貶意。這些業餘客即使有比專家思維更高明的意見、即使看到了那些領隊沒能看到的疑慮，也完全被命令的語氣和嚮導選用的字眼否決掉了。這個命令的絃外之音是：這位被僱請來爲最佳結果掛保證的專家，並不信任這個團隊的思維。事實上，更進一步來說，這個訊息等於是說，這些客戶不應該信任自己的判斷。

仔細推敲字裡行間，你會嗅到另一股濃重的告誡味道。藉著「在山上，我不容許任何異議」這句話，這位領隊其實已爲那些開口說話的人貼上了異議份子的標籤。「異議」也是一個情緒性的字眼，尤其在團隊行動上。異議意味著某人或許很自私、很唯我獨尊，總之是不合群的隊友。它的言外之意很清楚：要被視爲是好同伴，這些客戶應該閉上嘴巴，別人叫你怎麼做就怎麼做。

經過如許的下馬威，什麼人還會對自己有信心？

## 欠缺尊重，就欠缺自動自發

《西南航空：利用感情力量創下高超績效》一書的作者茱蒂·何芙·吉特爾教授曾經研究過高風險境況下（例如醫院和航空公司日常所面對的情境），「尊重」和「有效政策執行」之間的關聯。她的研究指出，沒有尊重的環境，自動自發也就付之闕如。

「尊重會讓參與者想到一己行爲對他人的影響，因而加強他們協調合作的可能性，」吉特爾教授解釋。再者，「尊重也能深化以溝通解決問題的傾向，」對於貫徹執行所需的自動自發而言，這兩者都是不可或缺的要件。

未考慮到一己行爲對他人的影響，又欠缺針對問題謀求解決的溝通管道，這兩個因素在艾佛勒斯峰的山難當中顯然難辭其咎：

● 登山隊員之一的道格·韓森曾於一九九五年隨赫爾攀登過艾佛勒斯峰。遺憾的是，那回在距離峰頂垂直高度僅有三百三十呎處，赫爾硬要韓森轉向回頭。這一回，韓森堅持：「這座山已經讓我投入太多，這次我絕不放棄。」兩點鐘已過，韓森離峰頂依然遙遠，可是赫爾沒有阻止他前進。隊友眼看著赫爾打破了兩點鐘一定要回頭的規定，使得他自己和韓森雙雙陷入危境，可是沒人敢講話。

● 補給出了差錯和痼疾復發，使得史考特・費雪的生理狀況大不如前。他遠遠落在隊友後面，步履維艱地朝峰頂攀爬。隊友注意到費雪自訂的時限早已超過卻依然繼續攀爬，可是這裡也一樣，他們只是暗自憂心卻沒說出口。

● 安迪・哈利斯是這個登山隊中「所向無敵」的領隊之一。不幸的是，他的氧氣計量器因爲風雪而失去效用，因此，當他告訴隊友南峰的氧氣筒已經用罄，其實是要命的錯誤訊息。根據克拉庫爾的說法，沒有人質疑哈里斯，甚至沒想到他也可能出錯，結果那些足以救命的氧氣都沒用上。

● 欠缺自動自發影響了嚮導，也影響了這群業餘登山客。克拉庫爾說，嚮導之一的尼爾・貝多曼看到費雪等人中午過後許久還在繼續攀爬，他覺得應該告訴老闆要遵守他自訂的規則回頭才對，但終究難以啓齒。「我不希望顯得像在逼催他們，」貝多曼說。「我應該說話的，卻沒有開口直言，這讓我現在悔恨不已。」也是帶隊人馬之一的安納多力・布克里夫，當時很擔心某些隊友的體能狀況。可是他也一樣，選擇沉默以對。「我不想引起爭執，所以硬是把我的直覺壓了下去，」他說。

從這些例子裡你可以看到，嚴格指令和要求隊友絕對服從是有問題的，因爲它有如拔除了一個位居關鍵、可保護群體不受錯誤領導之害的安全閥。

哈佛大學教授麥可・羅伯多（Michael Roberto）寫過一篇文章〈艾佛勒斯峰的教訓〉，談的就是欠缺尊重對於當天後果的影響。「有效能的團隊會討論問題，鼓勵團員表達異議。這些行爲有助於防堵疏漏的估算和錯誤的判斷。赫爾和費雪的登山隊在緊要關頭並沒有公開討論錯誤、自由交換資訊，對於一面倒的看法和先入之見也沒有加以質疑。」羅伯多結論道：「因此，他們很難找出問題所在而防微杜漸，最後導致一連串的崩盤。」

羅伯多教授從艾佛勒斯山難中歸納出一個教訓，吉特爾教授更將它串聯到日常的企業活動中。「在工作依存性高、局勢捉摸不定、時間分秒必爭的環境中，尊重是無任必要的，」吉特爾教授諄諄教誨。「不管是事實還是員工自己的認知，缺乏尊重都是企業的威脅；它會阻斷企業前進的力量，以致於無法達到更高的品質和效率。」

## 從艾佛勒斯峰教訓到日常企業活動

要不要對部屬表達足夠的尊重，大部分的管理者往往天人交戰。這不是因爲他們天性冷漠或粗暴，純粹是因爲處於變化快速、捉摸不定的環境下，這些主管的優先要務是：（a）將失誤降到最低；（b）按時達成目標，因此會不自覺地仰賴艾佛勒斯山上的錯誤領導方式——下達嚴格指令、要求員工絕對服從。

這正是麥可・梅布朗（Michael Maybrun）事業生涯中的親身經歷。「我從事家庭電子產品零售業多年，」自行創業的梅布朗回想當年。「我從各地蒐羅來眾多貨品，在採購、選貨、員工管理、顧客服務方面也建立了一套可靠、務實而且利潤豐厚的制度。」

後來梅布朗遇到一個有能力提供更佳零售管道和行銷作業的人——這是他業務中美中不足的兩個缺口。這兩個很有頭腦的人攜手合作，就像史考特・費雪形容他進攻艾佛勒斯峰的計畫：找到了一條「直通峰頂的黃磚路」。

初期成果卓然，梅布朗的信心大增。

自從和新夥伴合作，一切一帆風順。「三個月內，我們的營收就增加了一倍，」梅布朗回憶道。「大家都興奮極了。業務員的銷售成績遠遠高於以往，我們開始擴張，全面創造更多的機會，準備更上層樓。我們看到的訊號絕對是正面的。供應商告訴業界朋友，在這個變遷迅速的消費電子產品市場，我們做出了一種十全十美的企業模式。競爭對手也開始抄襲我們。我們有種天下無敵的感覺。」

這一對夥伴因爲感覺自己所向無敵，因此堅持絕對的服從，一如赫爾和費雪在艾佛勒斯峰上。「我們深信，要將失誤保持在最低程度並且按時達成目標，最好的方法就是要求每個員工貫徹政策，不留任何變數的餘地，」梅布朗說。

這對合夥人於是施行密集訓練制度，強調所有的事情都只有「一種正確的做法」。他們並以嚴格的責任制來支持這套訓練機制，要求所有的員工步伐一致，緊密相扣。可是，一如在艾佛勒斯峰上，這對合作夥伴立意良善的規定卻造成了幾個負面效應：

●員工遲疑難安，有不同意見卻不敢表達。「如果我們任由每個決定變成一場辯論，或是每次公司方針改變員工就加以質疑，我們的腳步一定會拖慢，」梅布朗的合夥人告訴他。「談到擬定計畫，我認爲我們不需要外人協助，」這等於是針對抱持不同意見的人發出一個不言而喻的訊息：那些有異議的員工有可能是太懶、太不積極、太缺乏紀律，不夠格成爲這樣一個高效率組織的一份子。

●員工的自尊岌岌可危。「尊重」是一個人的驅動力量。爲了贏得尊重，他們願意賣命。梅布朗的合夥人在這方面是高手，深諳如何利用員工對尊重的需求，驅使他們賣力工作。「員工戰戰兢兢，深恐做錯事情而讓他對自己失去好評，」梅布朗承認。「他們有如束手就縛，無論他指示什麼都乖乖照做。員工不敢有自己的想法，因爲害怕失去他的尊重。」

●曲意迎合變成了不成文的標準。「他是個很好的戰士，」梅布朗形容他的合夥人。「他很感激我建立這個事業。因爲太尊重我，所以當我對某些事情有強烈的想法，即使他的良好判斷和我的意見背道而馳，他總會委曲求全聽我的，然後盡力讓我的想法或計畫付諸實現。結果，『無論對錯，由我當家作主』被奉爲圭臬，成了一種不成文的公司文化。」

一開始大家相安無事，六年忽忽而過。之後，一如艾佛勒斯峰上，許多小事開始出紕漏，而瀰漫於整個公司的缺乏尊重的氛圍，讓事情雪上加霜。

「因爲經濟不景氣，我們的毛利預算和營業預算開始雙雙落空，」梅布朗說。「就在這個節骨眼，一個競爭廠家把我們幾個重要員工挖了過去。我們努力延攬新人以求追趕，可是營收依然一路下滑。後來我們一家店面因爲地震而關門一週，利潤整個化爲烏有。這時候，我們的領導階層已經慌得無法清楚思考。我們唯一的反應是：下達更多的指令，要求更嚴格的服從，結果是更多的紕漏、更多沒達成的預算項目，和更多的虧損。等我回過神來，事情已是一團亂。每個人都失去了重心，只能勉強活命。」

只是爲時已晚。經過兩年的跌跌撞撞，梅布朗終於結束了他曾經昂揚高飛的企業。

「回頭想想，經濟蕭條和那場地震我們其實熬得過去的，」梅布朗做了結論。可是公司上上下下都欠缺自動自發也欠缺溝通，使得事情每下愈況。

「徵兆其實早就出現了，而且明顯可見，」梅布朗解釋。「業務員心裡有數，因爲生意越來越難做。他們看得出來，顧客對我們的超值服務不如兩年前那麼珍惜，而我們的採購員得到的廠商支持，也不及一年之前。至於辦公室的職員，老早就聽到客戶流失的怨言，可是沒有半個人說話，終至無法彌補的地步。話說回來，即使他們說了，大概也無法達於上聽，」梅布朗說。

「要是我早知道尊重可以讓領導者採取正確步驟以防微杜漸，讓小問題不至於一發不可收拾，」梅布朗說。「我一定會將它列於優先要務之內。」

## 更多尊重，創造更多的自動自發

瓊安・貝林潔（Joan Beglinger）從事的是另一種瞬息萬變、詭譎難測的行業，任何錯誤或失漏都可能像艾佛勒斯峰山難一樣，一步錯全盤皆墨。貝林潔是威斯康辛州麥迪森市聖瑪莉醫院病患服務部門的副總，這家位於市中心的大型機構提供全方位的急救照顧服務——除了急診室、心臟科、嬰兒加護病房、腦神經科之外，整形外科、婦產科、老人醫學也是重點照顧項目。

多年來，貝林潔對於她這家醫院的管理和艾佛勒斯峰的攻頂探險非常類似。「我最開始的想法是：身為副總，我責無旁貸，應該把聖瑪莉醫院所有的運作結果掌控好，」貝林潔說。在她認為，自己的首要之務和艾佛勒斯峰的登山專家以及梅布朗所想的殊無二致，都是：（a）將失誤降至最低；（b）按時達成目標。她也採取同樣的管理模式，頒布嚴格的律令、要求絕對的服從。「壓力好大，我晚上老是睡不著覺，」貝林潔坦承，接著解釋：「我以為既然要掌控所有的結果，我就得掌控所有的人，包括他們的決定。」

聖瑪莉醫院的運作成績不錯，不過在該行業當中只能算是普通。貝林潔想做得更好。拜這股不知足之賜，她突然茅塞頓開。

「我們這些高階主管其實沒有能力掌控結果，」一天晚上，她突然憬悟。「管理階層只能制定這樣的政策：『正常情況下我們要如何如何做。』可是在醫院裡，是員工在決定：

『這種特殊情形算不算正常情況？我們有沒有理由做不同的思考？』想在醫療照顧這一行闖出好成績，臨場的判斷能力才是舉足輕重。這是得在病床旁邊做的決定。這種決定我做不了。任何高階主管都做不了。」

得出了這個結論後，貝林潔開始要各級經理人別再發布嚴格指令、要求無條件的服從。「我不再試圖掌控結果。我一直背負著要做出一切正確決定的壓力，這個擔子太重了，」她說。「我只能當後盾，支持那些當場提供服務的人的決定，好讓他們有效控制結果。」

貝林潔轉變了聖瑪莉醫院的領導風格，將傳統的命令掌控心態調整爲「共治」。它的共治完全名符其實——包括護士、醫護人員、財務主管、制度經理等共九百人，共同決定如何經營醫院。「我們互相依賴——不是層級上的依賴——，以改善工作環境以及我們提供的病患照顧，」貝林潔說。「我們是一個團隊，我們共同的決定足以塑造這個醫療組織的文化與成功。對於醫院的任何決定，每個護士都有發聲的權利。」

艾佛勒斯峰探險隊的客戶嚮導協議也好，梅布朗的「凡事只有一種正確做法」也好，和共治的觀念都是截然的對比。那些領導者認爲，要保證決策的品質和良好的績效，最好的辦法就是「限制」團隊的參與。或許明言或許暗示，這些主管等於是告訴員工，他們的意見不重要。一如梅布朗所言，「我以爲我們兩個（在上位者）是過來人，經驗夠豐富，所以最有資格發號施令。」

共治的做法則反其道而行，這個過程是一種強烈的尊重表現。聖瑪莉醫院的領導者強化了各級員工的參與，事實上是告訴這些同仁，每個人的意見不但都是彌足珍貴，而且要比高階主管閉門造車所下的判斷來得優越。拜那股乍現的靈光之賜，貝林潔將折損員工自信心的一貫做法反轉了過來。

無論是團隊合作、解決問題或是自動自發，貝林潔管理風格的改變對於團隊產生的效應都極爲明顯。

●團隊合作。聖瑪莉醫院部門秘書琳・柯白翠做出解釋。「所有的部門都會互相幫忙，我們自問：『要如何做到最好的病患照顧？怎麼做對病患家屬最好？』」護士溫蒂・魏德諾證實了柯白翠的話：「我覺得上自副總下至清潔工，我們都是一條心。」

●解決問題。對於聖瑪莉醫院更爲通暢的溝通，加護病房護士賴立・多芬巴可的評語是：「要是哪件事情沒做到，我們一定會採取矯正措施，這是我們的責任。在這裡，大家都會互相幫忙，希望每個人都更好。」而外科護士凱倫・布萊南說：「我以前只會抱怨別人，現在我領悟到，只要『我』盡心努力，我們的病患照顧就只有改善的份。」

●自動自發。「剛開始的時候，一想到自己擔負著這麼多責任就害怕，」加護科主任尤尼斯・西蒙思說。「現在，我知道我有能力做決定，而我確實在這麼做。」而流動外科手術部的巴伯・奧斯華說：「聖瑪莉醫院鼓勵也期待大家成長，你很難想像，自己竟然有這樣的領導潛能。」

## 多一分尊重，多一分利潤

因爲尊重，聖瑪麗醫院省下了一筆其他醫院認爲理所當然的業務成本。「我們的員工流動率〔九％〕還不到全國平均數〔二一％〕的一半，」貝林潔說。

業界一項估計數字指出，每個新進護士的聘僱成本大約是一萬一千美元，招聘和培訓期間，生產力損失總在七萬四千元左右。以聖瑪莉這等規模的醫院，九百名醫護人員若以全美平均流動率計算，一年直接開支就是兩百萬，間接成本更高達一千三百萬。如果流動率減半，便可省下一半的錢。

聖瑪莉全職人員的空缺率也只有三％，比起全美平均的十九％僅是皮毛。這也替醫院省了不少錢，增加了醫病營收。醫院有空缺，表示需要更多護士卻招不到人。護理部門說，一家醫院每二至六個病人就需要一個專業護士，如果醫院的空缺率高達一九％（不少醫院是如此），營收自然失血不少。醫院空缺多，不但透過仲介僱請臨時護士的預算會增加（某健康照顧中心的年度預算就曾經高達兩千八百萬），照顧品質也低落。研究顯示，護士病患的比例和病人的死亡率有直接的關聯：全職護士越少，死亡率就越高。

「關於護士短缺的問題，我們已經找到對策，」貝林潔直言。「護士不會願意在賣命之餘，每天還要帶著惡劣心情下班回家，」對她們展現多點尊重，不但能讓她們心情變好，流動率和空缺率也雙雙下降。

聖瑪莉醫院的所有權屬於某健康照顧集團，該集團策略發展部門的資深副總威廉・湯姆森也說：「在本集團旗下的二十所醫院中，無論是病患滿意度、病患忠誠度、營運利潤、醫生滿意度還是員工滿意度，聖瑪莉醫院不是數一數二就是名列前茅，」這是高度的讚美，因爲該集團是二〇〇二年美國品質獎的得主。「這個共治的機制是他們表現優異的原因，即使和同級醫院的幾個佼佼者相比也毫不遜色，」湯姆森如是說。

## 如何展現更多的尊重

貫徹貝林潔的共治機制需要徹底的改變，而並不是所有的企業都有這樣的準備。貝林潔也是花了多年功夫才得到所有權責單位的首肯，讓這套流程步上軌道。不過，這並不表示你不能在展現更多尊重方面大步邁進。對此她有兩個建議：第一，所有的管理者都應該檢視自己一些先入爲主的成見；第二，每個經理人都應該將培養員工自信列爲當務之急。

### 第一：檢視你的先入之見

一九八九年一架英國密德蘭七三七客機從倫敦飛往貝爾法斯特，進行它的接駁服務。起飛後不久，機員就聽到一聲巨響，感覺飛機震盪，還嗅到金屬燃燒的味道。儀表盤顯示，問題出在右引擎。可是每個坐在左翼的乘客都看到起火花冒煙的是左引擎，右引擎沒事。只是機長並不知道。機長甫完成右引擎的關閉動作，左引擎就完了。結果，四十七人喪生。

如果要貝林潔說，她會說這是心理模式遮蔽了機長的眼睛，因爲他絲毫沒有想到要去檢查他的測量器材或是和經驗較少甚或毫無經驗的人商量。

心理模式就是先入爲主的成見，只是換個說法。貝林潔相信，管理者之所以做出斲傷員工自信的決定和舉動，就是這些先入之見使然。「我們的心理模式會低估員工的能力，組織因此難以善用他們的潛能，」她說。

你對員工展現的信任多寡，對於他們的自尊來說舉足輕重。可是你要不要信任部屬，往往是繫於你對這些工作者的本質是否心存先入爲主的觀念而定。你不妨用下面的小測驗測試自己眞正的想法：

| | 是 | 否 |
|---|---|---|
| 你認爲大部分的人都是可以信賴的嗎？ | □ | □ |
| 你認爲大部分的人都喜歡負擔責任嗎？ | □ | □ |
| 你認爲大部分的人都喜歡工作而非偷懶摸魚嗎？ | □ | □ |
| 你認爲大部分的人都希望從工作中尋求意義嗎？ | □ | □ |
| 你認爲大部分的人都願意學習嗎？ | □ | □ |
| 你認爲如果變革處理得當，大部分的人就不會排拒嗎？ | □ | □ |

你的答案透露的就是你對同仁心態的心理模式。這個模式不但影響到你的溝通方式、你設定的優先要務，當員工對你的舉措給予意見回饋時，也會影響到你對他們意見的解讀。在這個小測驗中選擇「是」和回答「否」的管理者，對於同一個事件的看法勢必不同。

要展現更多的尊重，你不必去上如何建立他人自信的課，也不必參考激勵辭彙大全。你只須檢視你的先入之見就好，判斷它是不是影響了你觀看世界的目光，從而傷害了你組織員工的自尊。貝林潔省視了三個職場上常見的心理模式，而在決定要對同仁展現更多尊重的目標後，她隨即改變了自己的心態。

**成見一——只有老闆才需要懂財務細節。**「我初來的時候，基層主管都看不到預算數字，」貝林潔解釋。「當時高層的想法是：如果把資料公開，員工就知道醫院很賺錢，接著會對現狀不滿，要求加薪或是不再把成本放在心上。」貝林潔深知員工沒那麼不成熟，認為這個成見是欠缺尊重的表現。「如果我們這些主管懂得創造正當利潤的道理，他們為什麼會不懂？」她問。

「我們為什麼不能明說我們需要增資一億一千萬，不能明白告訴員工：『要是我們的營運不賺錢，就不可能進行這筆投資？』如果他們了解我們的想法、我們所知的一切，他們更有可能因為覺得有道理而全心投入。」

如今，聖瑪莉醫院所有的員工都看得到每個月的損益表，而且是特地為非會計人員設計的格式。高層知道的東西他們全知道——包括所有的財務數字。

**成見二——如果他們不懂，那是因為他們沒打算弄懂**。「我們剛開始實施共治計畫的時候，我是這麼想：只要給護士自由，也就是徹底地放牛吃草，所有事情很快都會改善，」貝林潔解釋。「可是，我們不久就發現，他們不見得知道怎麼做〔在無指示下處理事情〕。」

貝林潔於是將學生老師式的心理模式轉了個方向。大部分的經理人心裡都存著一個問號：爲什麼公司裡沒有人聰明到能聽懂他們想要表達的意思。可是貝林潔說，如果員工聽不懂，那是因爲身爲老師和教練的經理人需要改進溝通技巧。這個微妙的改變影響重大，因爲整個團隊感受到了管理者對他們的尊重。

「我們必須做的，並不只是建立一個能讓員工擁有決策自主權的架構，」貝林潔解釋。「我們還必須提供資訊，教導他們如何負起責任、做出良好決定。這個擔子在我們這些主管肩上。我們必須回答：『我們教得夠不夠好？』而非自問：『他們是不是聰明到足以了解這些東西？』」在省視這個成見的過程中，貝林潔領悟到：「每個人都喜歡做他專長的事情。他們願意學習，願意擴展自己，願意成爲重要事物的一部分。」

**成見三——高層最懂**。貝林潔說，一開始，「我們很難想像職員階層的員工在制定組織方針方面可以和我們共享決策權，」這個心理模式其實是基於一個迷思：老闆懂得比任何人都多。貝林潔是臨床護士專家，身爲資深的實務專業人士，她處理過各式各樣的健康照顧情境。直到今天，她每個月依然會挪出一整天的時間，和其他護士並肩站在病床邊照顧病人，完全不是那種窩在象牙塔內、與實務隔絕的主管。可是，當她出席管理會議時，她會選擇坐在第一線的基層員工席上，視自己爲其中的一份子。「我有影響力，」貝林潔說。「可是我並沒有否決權。」

「你知道，就算我每個月有一天親自待在病床邊，就算我的經驗比基層護士來得豐富，可是我臨床照顧的能力並不高明。我沒有能力照顧病人，我連藥名都認不得——我離開太久了。在我們這一行，你得深入目前的實務，才能成爲貨眞價實的專才，」而這份「貨眞價實」的專業，對於醫院的決策制定是最有價值的添加劑。

你能想像貴公司哪個副總說自己缺乏必要的專業，因此無法表示意見或是無從對某個員工決定的事情行使否決權嗎？你想不出來。他們通常不會這麼做，因爲面子掛不住。

「員工並不是邪惡的奪權者，」貝林潔又說。「這點我很清楚。一開始實施共治時，我也心有疑慮。我喜歡權力在握的感覺。可是，今天的我比往昔更有權力，因爲我是這個組織的副總，而這個組織能與所有這些深具才華、創造出如許價值的員工一起唱和共鳴。權力並沒有從我身上消失。」

現在，聖瑪莉醫院因爲尊重眞正主事者的意見，賦予他們做出關鍵決策的權力。

## 第二：培養員工的自信心

貝林潔爲展現更多尊重開出的第二帖藥方，是培養員工的自信心。「如果我們希望員工在當前的情境下做出最佳決策，那麼當他們犯了錯或是事情進展不如預期時，我們的處理方式會決定他們日後願不願意繼續冒險運用判斷力，」她說。

●**鼓勵不同的意見**。想像你和老闆意見相左，最後他說：「你認爲怎麼做最好就怎麼做。」事後證明你的看法是對的，你老闆會不會說什麼？反過來說，如果你錯了而你老闆的看法比較正確，你可不可能耳根清靜？貝林潔認爲，老闆處理員工決策過程的態度非常重要，尤其在員工抉擇不同於老闆建議的情況下。

「比起我當家作主的時候，很少事情眞正達成我的期望，」貝林潔說。「所以我就訓練自己，去找一些他們因爲沒有依照我的指示做、反而效果更好的例子，然後說：『唉，這個決定我可是錯得離譜！』這個舉動可以讓他們放鬆、有安全感，敢於依循自己的直覺。這有助於培養團隊的信心。」

有些經理人雖然讓部屬走自己的路，可是老是蹙著眉頭監看每一步的執行，一旦事情不如預期，就趕緊跳下來救火。他們認爲這種舉動是呵護、是支持，其實是削弱了團隊的自尊。就像個保護過度的母親。「我測量進步的標準之一，是當我提供意見時，有人會說：『多謝你的忠告，不過我們打算走不一樣的方向，』」貝林潔說。「這樣我就知道，我們目前狀況良好。如果大家老是照我提議的方向走，這不啻是期望我永遠正確，那我壓力就太大了。」

●**事情進展不如預期的時候，檢視你的所作所為**。貝林潔相信，領導者必須營造一種支持部屬的氛圍，即使在重要關頭也要義無反顧地展現這份支持。一樁醫療失當的訴訟案就是示範，顯示她確實以培養員工自信心爲首要之務。

有個病人正在進行精神方面的檢查，原本配合良好，一切都在控制中。而在毫無預警的情況下，病人突然變得極度焦灼，他從地板跳上床，又跳下床去撞牆。病人撞牆的力道極大，連頸部都撞斷了，導致癱瘓。

聖瑪莉醫院以醫療失當的罪名被告上法院。審判期間，貝林潔每天都坐在法庭陪著當天值班的那些護士。「判決那天，我陪她們坐到凌晨四點，」她說。「我了解這些護士。這個事件的結果雖然很慘，可是她們的做法沒錯，」貝林潔解釋。她也知道整個醫院都在想，聖瑪莉若是輸了這場數百萬美元的訴訟案會發生什麼事。然而，那幾個護士依舊在聖瑪莉任職。

貝林潔的舉動讓每個員工看到：禍事臨頭時他們絕不會像當初所以爲的，被「放逐天外自生自滅」。

談到在團隊間培養信心和熱誠、鼓勵大家提出建設性的異議，貝林潔相信，做比說更重要。在她的領導下，這九百名醫護部僚都知道：緊要關頭之際，她站在他們背後。很多企業發出的是相反的訊號。例如發生在加州某銀行的一則故事：

班恩是某地區銀行的主管，一日他到地方訪查，途中在某辦事處歇歇腳，用電腦。他在後面一個空辦公桌旁坐下，開始工作。

毫無預警地，一個氣惱的客戶走過來，朝他身上丟來一杯果汁。班恩立刻本能反應，用手阻擋之外，抓住客戶的襯衫就把對方的臉往桌上砸。安全警衛看到兩人扭打，衝過來制住那位氣憤的客戶，同時打電話報警。等待期間，攻擊者掙脫看守，跑出了大樓。

事情發生兩星期後，這個客戶對銀行提出告訴。偵訊期間，銀行一位資深經理問班恩：「你做了什麼事，讓這個客人那麼生氣？」

班恩什麼都沒做。對班恩來說，這位主管假設班恩做了最壞的行為，使客戶很有生氣的理由。班恩沒有感受到支持和尊重。事實上，他的感覺完全相反。

趁著其他銀行來挖角的機會，班恩跳槽了。

企業是生命共同體。每個人都希望員工表現得有如夥伴：在問題坐大前亟思解決，考慮到自己的行爲對整體組織有些什麼樣的影響。我們所認知的個人自動自發，包含的就是這兩大關鍵因素。然而，從艾佛勒斯山難以及本章所舉的其他例子，我們可以得到一個啓示：除非你對員工展現尊重，否則他們不會展現自動自發。

仔細檢視你發布的指令、做出的決定、事情進展不如預期時你的回應，再想想這些舉動對你的員工表達了什麼樣的訊息。請將展現更多尊重列爲優先要務。

# 13

# 找出適度的責任線

## 交付太多責任反而會傷害員工的自動自發

管理者若是將責任制度施行過頭，
尤其在部屬對突如其來的變化
需要迅速回應的商業環境下，
員工不計個人利益、和他人通力合作
以確保使命必達的意願反而會受到蠶食。
換句話說，管理者必須找到
「設定員工目標」以及「測量績效」
這兩個管理技巧的界限點，
一旦超過不僅不再增加效益，
反而會傷及個人的自動自發。

很難想像，世界上有個叫做「太多」責任的東西。

二十年前，馬里蘭大學教授愛德．洛克（Ed Locke）和同僚針對四個製造績效方面最熱門的管理技巧做了一項研究。這些學者的結論是：設定責任目標在領導策略中是最有威力的法寶，因它而增進的績效幅度平均高達十六％，遠遠領先其他。

十年後，麥肯錫顧問公司的研究也證實了責任制度的價值。卡山巴克和史密斯這兩位商業顧問將績效高超的企業和表現平平者加以比較，得出一個結論：賦予有挑戰性、有意義的目標，讓成員知道自己表現如何，是績效優異與平庸團隊之間「唯一」的分際因素。

政策的執行勢必關係到責任，這是在所難免。我們在「期望要清楚」一章中已經學到，領導者必須將大目標細分成數塊，然後據以指派責任。接下來，主管要持續追蹤，看事情是否進行順利，如若不然，他必須決定有沒有插手的必要。要讓主事者得知目標哪個部分由什麼人負責並且判斷部屬是否有在認眞執行，責任制是唯一的方法。

因此，要說世界上有所謂的「太多」責任，確實很難想像。研究顯示，要改善個人和群體績效、讓事情貫徹始終而不至虎頭蛇尾，這也是最有效的招數。

然而，新的研究結論卻指出：對於賦予員工的責任尺度，管理者必須謹愼以待。

「責任制度和績效評鑑絕非十全十美；兩者都有始料未及的負面效應，」麻省理工全球航空工業計畫的參與者之一茱蒂．何芙．吉特爾教授寫道。吉特爾針對責任制度於組織的應用做過研究，成果發表於《加州管理評論》一篇名爲〈協調和掌控的弔詭〉的文章。她發現，管理者若是將責任制度施行過頭，尤其在部屬對突如其來的變化需要迅速回應的商業環境下，員工不計個人利益、和他人通力合作以確保使命必達的意願反而會受到蠶食。

換句話說，她找到了設定員工目標以及測量績效這兩個管理技巧的界限點，一旦超過不僅不再增加效益，反而會傷及個人的自動自發。

這條「剛好夠」和「太多」的責任線應該畫在什麼地方？這條界線是否舉世皆準，適用於所有的企業、所有的管理者？而企業的領導人又該如何預知，多少責任是太多責任了？

要回答這些問題，我們不妨先對「責任」的意涵重新做個確認——在一個理想世界裡，到底什麼叫「責任」。接下來我們會去探究，在並不那麼理想的職場中，責任制度如果施行太過會發生什麼情況。最後，我們會列出三項評估標準，好讓你判定多少責任算是太多。

## 理想世界中的責任

如果有人告訴你：「你很負責任，」你的反應是什麼？有人可是光聽到這三個字就感覺好有壓力。

去查查線上英語同義字典，就能了解箇中原因。這個網頁為這個詞彙列出的同義字包括：「扛有責任、應受責備、應該受罰、受到牽累」，難怪聽到「你很負責任」這幾個字會令人神經緊張。它讓人聯想起代罪的羔羊。

不過，根據史賓塞・強森（Spencer Johnson）和肯恩・布蘭奇（Ken Blanchard）的看法（這兩位作者於一九八一年以《一分鐘經理人》這本暢銷書將責任制介紹給千萬名讀者），責任制度並不是找人背黑鍋。

布蘭奇和強森說了一個故事。一個年輕商人出外尋找最有效的管理法寶。他希望找到一位最優秀的管理者將這些技巧傳授給他。這位追尋者走遍天涯海角（作者是這麼寫），遇到了各式各樣的領導者。這些企業統帥概分兩個陣營：一種是只看業績成果，以致於傷害了員工的「強硬派」管理者，一種是以員工爲重，以致於傷及業績成果的「仁慈派」。年輕人很納悶。他想，難道沒有一種經營方式，可以讓員工和組織雙雙受益嗎？

他終於遇到了世界上最優秀的商人，告訴他世上確有這樣一種方式存在。根據這本神話似的《一分鐘經理人》，要讓企業員工和組織皆蒙其利，經營管理者一定要嫻諳責任制度：針對每個部屬設定一分鐘目標，然後以該書稱爲「一分鐘讚美」和「一分鐘懲戒」的方法進行追蹤。在《一分鐘經理人》的世界裡，責任毫無承擔罪責的指涉；責任在這裡只是一種合夥關係，是睿智、勤奮又有創意的經理人先將重大期望分爲清楚易懂的區塊目標，與或個人或團隊的員工就誰該負責哪個區塊達成彼此認同的共識，接著針對執行做後續追蹤，同時佐以有用、有建設性的意見回饋。

從《一分鐘經理人》的角度來看責任制，你會認爲無論對主管還是員工，這似乎都是個理想的解套辦法。一如一位經理人告訴吉特爾教授的：「人生來就有好強爭勝的天性。讓他們知道自己的分數是絕對必要的，因爲只要他們知道自己的成績好壞，自會想辦法應對。」

理想上，責任制就是讓每個員工知道自己的分數，這個動力可以驅使人人做出正確的行動。

這把我們帶回到原先的那個問題：這樣一個合乎邏輯、充滿人文關懷的舉措，怎麼可能錯得離譜？

答案是：如果這個職場是個虛構的理想世界，它就不可能錯得離譜。然而，想想這個情境中的關鍵副詞和形容詞（「清楚」易懂的區塊、「彼此」認同的責任歸屬、「有用」且具建設性的回饋），再看看眞實生活中的現實面（情勢錯綜複雜、時間永遠不夠、團隊成員形形色色），你就可以想見，企業主管有多麼容易逾越界線了。他們往往交付了太多責任出去，結果對個人或團體的自動自發造成傷害。

## 美國航空公司的眞實世界

卡特政府對航空業解除管制兩年後，羅伯特・克蘭道爾（Robert Crandall）這個名字第一次被冠上美國航空公司總裁的頭銜。克蘭道爾擔心政府放鬆管制後，競爭對手會爲了爭奪市場占有率而使得服務品質打了折扣。在他想來，任何不經大腦的價格戰對他公司的財務都是重大的威脅。

因此，克蘭道爾決定未雨綢繆，希望趕在其他業者改變外部局勢之前搶先一步，先行改變公司內部。他針對航班的排定發明了一套輪輻式航線制度，這使得他比競爭對手點對點的航線制度多出了二〇％的營收優勢。他擬定常客優惠辦法，讓他們只搭他的飛機。克蘭道爾還有個創舉：利用超級電腦預測乘客搭乘率，美國航空因此比其他業者反應更迅速，更有生產力。

這些創意巧思個個成功，都達到了克蘭道爾希冀的成果。十二年當中，這位新任總裁讓美國航空的營業額增加了三倍（從六十億美元到一百八十億），利潤一馬當先，傲視業界。不少競爭對手宣告破產。

而克蘭道爾在技術和行銷方面的創意不曾停息。克蘭道爾是那種先知先覺的大企業執行長，深知在這種管制解除的行業中，必須拉住那些消息靈通又挑剔的乘客，不讓乘客流失。這表示他們必須竭盡所能以免得罪旅遊大眾，因爲客戶流失的催化劑就是對服務不滿意。他因此推行另一個重大創舉：對第一線員工採取完全責任制，以避免客戶對服務失望。

## 目標——起飛時間更準時

乘客對於航空公司抱持著很多的期望，而「航班準時起飛」、「行李準時在目的地出現」，在排行榜上總是名列前茅（排在「安全」之後）。如果這兩個基本期望落空，顧客當然會非常失望。

當你坐在候機室，班機準時起飛、行李處理正確無誤看來似乎是很簡單的要求。然而，一如所有以客戶角度看來都易如反掌的行業，「讓飛機準時起飛」其實遠不如表面上那麼輕鬆容易。

每一架班機起飛都是一長串行動的串聯，所有程序必須在常有變動的情況和緊迫的時限內由十二組不同功能的團體按部就班完成：票務員、登機門服務員、飛機駕駛、空服員、機艙清掃人員、餐飲供應者、行李員、停機坪服務員、修護機師、燃料油料人員、操作員和貨載處理員。

這個過程已經夠繁複了，而美國航空的輪輻式航線制度使得它更加複雜。輪輻式航線制的意思是：來自各地區的乘客要先飛到某個航空樞紐站，例如芝加哥或達拉斯，再轉機到連線的航班。輪輻式航線的優點在於效率——班機的乘坐率因而提高不少。可是，它涉及的排班也增加了準時起飛的困難度。

如果一架最終目的地是亞特蘭大的飛機目前停在芝加哥，它必須等候來自眾多不同機場的乘客和行李陸續抵達。這些接駁班機若有任何差錯，往亞特蘭大的起飛時間就會延誤，甚或失去它的營收優勢。因此，芝加哥的航組人員雖然非常希望往亞特蘭大的班機準時起飛，卻因爲這些支線的接駁而變得更爲錯綜複雜。

即使繁複若此，美國航空卻更進一步，讓轉換的機型高達十四種選擇之多，使得作業更加盤根錯節。例如，爲了針對三十個飛行目的地做更有效率的配置，這些飛機的座椅設計或是橡皮救生艇各不相同。當初施行輪輻式航線制的時候，美國航空將九百架飛機分成十四種機型和三十種配置組合，使得這套制度下涉及的飛行單位高達兩千五百個之多（現已逼近三千九百個）。要是這些緊密相扣的環節出了任何機械問題，都會導致更嚴重的延遲，因爲你很難找到另外一架「適當」的飛機配合。

爲了保證準時起飛率高於所有的競爭對手，美國航空需要一套制度，以確保該公司「每個」航站的「每個員工」（從修護機師到餐飲供應者）竭盡一切努力，讓飛機準時起飛。

克蘭道爾的對策是：仔細研究讓飛機準時起飛的所有必要動作，例如駕駛員的工作、清潔工的工作等等，然後針對每個功能設定績效目標。這是個令人望而生畏的龐大分析工程，不過背後的邏輯卻很簡單：如果某個過程（例如準時起飛）的每個環節都能做到盡善盡美，出來的結果就應該天衣無縫。這種過程可以稱爲「全功能」責任制，或曰「精準」責任制。

精準責任制的基本邏輯是：只要釐清每個員工的職責，一旦表現未達標準他們立刻知道，那麼所有的業務成效都可以更上層樓。就像你前頭讀過的那個觀念：只要每個員工知道自己的成績好壞，他們自會想辦法應對。

爲了確定表現不合格的員工知道自己落於標準之下，美國航空特別成立了一個績效分析部門，能針對準時起飛（以及行李託運處理和顧客申訴）計算出最低的及格績效標準，簡稱爲ＭＡＰＳ。如有任何疏失，克蘭道爾就要求旗下的主管負責，要他們回頭去追究這十二組員工，找出哪個環節或哪個人出錯，然後據以修正過程或修理這人。一個現場主管告訴吉特爾教授：「克蘭道爾要看到屍體。」

有了這套分析制度和分數卡，克蘭道爾依然不以爲足。爲了幫助主管利用精準責任制讓更多航班準時起飛，克蘭道爾召集了一個主管團隊，斥資二千萬美元制定出一套領導統御暨賦權的訓練計畫。「他要所有的基層主管擔負更多的責任〔航班要準時起飛、行李託運要正確無誤、顧客申訴件數減少〕，所以要他們在現場做更多的決定，」受克蘭道爾欽點的計畫負責人琳妮．海特曼（Lynne Heitman）說，「聽起來是很棒」。

可是計畫上路才兩個星期，海特曼就開始動搖，覺得讓主管和基層員工主動負起航班準時起飛的責任「絕對不可能行得通」。在她看來，精準責任制在應用上有許多漏洞，包括主管很難找到清楚的權屬、目標很難達成共識、很難給予部屬有用的意見回饋。在這種並不理想的情境下，海特曼已經料到，透過員工賦權計畫實施完全責任制以要求更多飛機準時起飛，一定會遭到「群起反對」。

## 有瑕疵的制度

海特曼看員工賦權的角度和該領導統御計畫的其他成員不同。早在一年前，她便走出總辦公處，藉著在美國航空曼菲斯航站的一份基層工作，親身體驗這個「飛機、乘客和貨載」的眞實世界。這份職位讓她深切體會到眞實員工面對的諸多困難；要讓眞正的飛機準時離地起飛殊不容易。

「那些高級主管從來不曾眞正了解，要用他們創造的那套制度把工作做好，簡直比登天還難，」海特曼解釋。例如，「他們完全不了解硬體措施，就制定了基準排程表。」海特曼回憶道。「我們每六個星期就拿到一個排程表，總部會在上面排定十五架飛機，即使我們只有十二個登機門，」海特曼說。「然後我們就得打電話到達拉斯，說：『喂，各位，這裡有十五架飛機，十二個登機門；十五架飛機，十二個門……』。這怎麼可能行得通。」

而在第一線的員工眼裡，總部根本不在乎他們做事的方法對不對。海特曼說：「他們會這樣回答：『噢，我們會修正。』可是從來就沒修正過，依然繼續閉門造車制定排程表。把事情做對至少需要一點回饋機制，他們完全缺乏這樣的過程。」

海特曼也曾試著和層峰主管討論他們製造出來的障礙，「可是那些人總有藉口，例如他們會說，某某人就是因爲這樣，最後學會如何突破重圍。他們振振有詞：『我幹嘛要改變？喬伊那邊就做得很好，』」海特曼說。哈佛醫學院一位教授吉拉德・克寧斯（Gerald Kraines）指出，這是很多經理人常下的結論。他們看到某些人「能夠完全憑著意志力、蠻力和長時間的工作，克服了管理上的千瘡百洞、制度上的無能和結構上的瑕疵」，就因此料定每個人也都能做到。

海特曼對這個合理化解釋的反應是：「喂，喬伊是超級巨星，他技術高超、自信又強，知道如何繞過這個制度的屛障。可是『一般人』只能舉手投降。」如果你希望員工自動自發、獨立做出更多的決定，「你得創造一個讓『普通的』主管和員工都能把事情做好的環境。」

海特曼問過不少基層員工爲什麼不主動積極一點，結果發現另一個致使賦權計畫和目標產生嚴重落差的原因。海特曼說：「他們立刻回答我說：『你是開玩笑吧？上回那個人就是這樣，結果被炒了魷魚』。」

據海特曼說，美國航空的主管每每祭出威嚇伎倆而引發寒蟬效應，致使意見回饋的過程形同虛設。

「我曾經替納許維爾的一個主管做事，」海特曼說。「他的職位是副總。他一個星期就得去達拉斯一趟，每次都累癱了回來。然後他就拿我們出氣，把我們操得好慘。我們都不知道爲什麼，完全摸不著頭腦。可是我們不敢問，因爲害怕。

「還有一個高階主管老是說他鼓勵大家辯論，說這樣可以營造一種氛圍，讓所有員工放心提出自己的看法，即使和他的意見相左。可是他本人卻鴨霸得很，更糟的是他完全沒有能力體認到自己行爲的負面效應。」

而整個管理階層對於自己同僚都抱持著嚴厲的心態。「如果哪個人不贊同績效目標的責任制度，就會被視爲是『弱者』，」海特曼說，強調某些高階主管的卸責心態昭然若揭。「這些人眞的是心術不正，公司雇用他們是個大敗筆。」

而員工如何回應主管的嚴厲心態呢？海特曼的觀察是：「『一般人』只好俯首聽話。他們的首要目標是給老闆夠多的東西，好讓他別找自己的麻煩。那些基層員工的普遍心態不是：『我要如何貢獻所能，以做到準時起飛的大目標？』而是：『我要如何避開注意，以免被炸彈炸到？』」海特曼看到的美國航空和《一分鐘經理人》中的理想世界相去甚遠。說得確切些：

一、美國航空要員工爲無法掌控的情境負起責任。
二、美國航空的主管技能不足，無法提供有用且具建設性的回饋。
三、班機準時起飛的大目標需要員工團隊和衷共濟（大家要配合、協調、合作），可是精準責任制加上主管的嚴厲心態，使得人人「先顧自己死活再說」。

在海特曼看來，解決之道就像她所看到的屏障一樣明顯：一如他們對基層所實施的徹底改造，管理層峰也必須徹底改頭換面。

「如果你想讓一個污染的池塘變清澈，不是光把每條魚洗乾淨就能竟功，」海特曼說。「你得清理整個生態系統。」美國航空不能只是告訴基層員工如何擔負更多的責任。「你可以告訴他們要做什麼，可是除非你改變考評、獎酬、尤其是支援他們的方式，否則他們不可能改變，」海特曼說。

然而，一如海特曼所體會到的負面環境，總部並不想聽這些不順耳的話。「我跟老闆說，這二千萬美元是白白浪費了，他就把我看成是異端，」海特曼說。人力資源部門的態度則是：如果那些大頭要辦研討會，那就辦研討會給他們看吧。

不過，海特曼對於克蘭道爾當初所揭櫫的願景依然深深嚮往。「我曾經像克蘭道爾一樣，相信我們有能力改變世界，」她說。因此她提出調職的申請書。「給我實地操作的機會，我就做給你看。」

## 改頭換面的波士頓

於是，琳妮・海特曼被調到美國航空公司檔案中最難搞、功能最不彰的航空營運點。「波士頓的洛根機場聲名狼藉，」她解釋。「通用汽車曾經出戰此地，結果是勉強苟活，最後還是轉戰他地。事實上，這地方還能繼續營運眞是奇蹟。沒人相信它有藥可救。」

「洛根的中堅份子是一群張牙舞爪、走強硬路線的工會老頑固派，他們視資方如仇讎，這使得整個波士頓營運站蒙上了惡名。」

不過，即使陰影深重，海特曼依然樂觀。「還是有很多人，不管是不是屬於工會，都希望把工作做好，」她觀察道。

包括地勤作業，她旗下共有五百名員工——票務員、登機門服務員、貨載人員（除了修護機師之外，每個人都身負要讓航班準時起飛的使命），再加上空服員和飛機駕駛，個個在航空界資歷悠久。這些人都已工作多年，絕大多數也都覺得工作有如雞肋，做得意興闌珊。

現在，海特曼打算將她學到的東西施展出來，讓這些員工展現更多的自動自發。機會很快來到。美國航空宣布在洛根增開第一條國際航線，從波士頓直飛倫敦的希斯羅機場。海特曼捨棄了職責分工、用績效評量來看誰有沒有做到標準的做法。她決定加強溝通、協商與合作，打算將美國航空為賦權訓練計畫研究出來的所有新觀念付諸行動。

「在我們的領導統御計畫裡，很關鍵的一課是：『工作流程應該交由親身從事這份工作的人來設計』，」海特曼解釋。她因此針對倫敦線設置了一個小組，思考如何運作最好。她召集行李間、維修部、票務組、地勤組的代表開會，在每天班機起飛前做彙報。每個攸關班機起飛的人都有發言的權利。

讓不同的部門彼此對話，在洛根機場堪稱創舉。「很多部門形同小小的封邑各自為政——既然沒有人要求他們彼此對話，他們也就樂得不去對話，」海特曼留意到。而拜美國航空礙手礙腳的管理心態和精準責任制之賜，這種傾向更加惡化。「二十年來，樓上和樓下的組長每天都負責同一班橫跨美國、從波士頓到洛杉磯的航線」，可是「兩人竟然從來沒有交談過，」海特曼難以置信地說。

「而我們這個倫敦小組，每天都要帶著行程表見面開會。大家討論的只是一些簡單的事情，例如：『設備有沒有問題？』維修組就說：『有，後艙門不能載人，所以你得讓乘客從前門進出。』就是這類的小事，使得一切進行得順順當當，」海特曼說。

不久，海特曼就看到了重大的轉變。「我們在洛根有那麼多航線進進出出，而這條線（從波士頓到倫敦）的起飛狀況遠比其他線來得好，」海特曼憶及往昔。「眾所公認，服務品質和準時紀錄也是冠軍。

「每個人都注意到，負責這條航線的第一線人員都會視需要做出決定或調整，大家協調無間，讓飛機帶著所有乘客跟貨物準時離地，」海特曼說，語氣透著自豪。「他們彼此變得非常熟悉，要是突然發生什麼問題，他們會打電話到行李間『叫比爾上來』，自己尋思解決，根本不需要主管告訴他們怎麼做。他們以『倫敦航線團隊』自許，這是很棒的事。」

海特曼相信，這就是克蘭道爾期望的結果。沒錯，她這番成就既非透過精準責任制，也沒有用到替每個人打分數的MAPS評鑑。不過，這並不是說精準責任制的理念不好，問題出在它和現實環境完全脫節。美國航空的管理者既缺乏良善的回饋技巧，也不明瞭團隊合作之於準時起飛的目標有多重要（它比精準責任制更重要）。

爲什麼精準責任制之於準時起飛的目標是個不恰當的選擇？吉特爾教授這樣解釋：「精準責任制鼓勵所有的個人將一己的功能發揮到極致，而這不見得會達到整體的目標，尤其在工作依存性高的情況下，因爲這種情境下，整個作業的成效不僅要看各個功能運作得好不好，還要看這些功能之間的互動而定。」

換句話說，如果你的目標是透過更準時的起飛給予顧客更好的服務，那麼比起主管拿個精準記錄什麼人有些什麼疏漏的分數卡來，員工之間的討論和彼此照應更爲重要。

只不過，即使海特曼在最難搞的航站獲得了空前的成功，她還是無法說服美國航空總部考慮對高層進行徹底的改革，以與責任更重、賦權更廣的現場需求相應和。「要改變他們的管理風格，得找個比我更有手腕的人才做得到，」她說。

海特曼離開了美國航空。她能看出一些隱而不顯的激勵誘因，對人、對衝突和人性也有敏銳的觀察，如今她將這些能力轉了個方向，寫小說去也。今天她已是個成功作家，出了三本以航空業爲背景的驚悚推理小說。

而各位也已知悉了美國航空這邊的下場。繼續握有準時起飛和顧客服務競爭優勢的並不是美國航空，而是西南航空。

二〇〇一年，西南航空的客戶投訴案件僅是美國航空和其他大型業者的六分之一（以每百萬哩爲單位）。相較於航空業界的諸多對手，西南航空無論在死忠客戶、忠誠員工或是獲利能力方面都創下了更高的紀錄。九〇年代的十年間，該公司在準時起飛項目中常常是排名第一，九一一恐怖事件後雖因安檢嚴格而有一段時間的延誤，二〇〇二年秋季又重新登上寶座。

更重要的是，吉特爾教授於她二〇〇三年出版的《西南航空之道》一書中明確指出，西南航空之所以成功，是因爲遠離精準責任制、不鼓勵諉責指摘的風氣、培養主管提供「有用的」回饋的能力——一如海特曼在洛根機場所做的一切。

這則故事的啓示不言而喻。管理者必須在「足夠」和「太多」責任之間畫出一條適當的線，不能盲目地以爲光是打分數就能達成目標。而且，千萬不要逾越這條線，以免斲傷了員工的自動自發。

## 如何找到那條線？

可想而知，世界上沒有一個放諸四海皆準的法則可以決定多少責任是足夠，多少又是太多。你必須像琳恩．海特曼那樣，自行拿捏你試圖達到的期望是否有所踰越，評估你的工作環境佔據什麼樣的優勢與劣勢。

我們可以拿理想職場的責任定義和貴組織的環境做個對比以爲起步。理想職場的責任是一種夥伴關係，是睿智、勤奮又有創意的經理人先將重大期望化爲清楚易懂的區塊，與或個人或團隊的員工就誰該負責哪個區塊達成彼此認同的共識，接著針對執行做後續追蹤，同時佐以有用、有建設性的意見回饋。

接下來是評估你自己，看你是否有能力做到這個責任定義中所描述的幾個關鍵詞彙。你的目標和路徑是否「清楚」易懂而且「顯然」可行？你和員工能不能達成共識？你旗下的經理人會不會針對執行做後續追蹤？

而你所畫分的責任幅度是不是公平？請捫心自問：

- 這個團隊或這個人對於整體成果有多少的掌控能力？在不確定別人對成果是否有掌控能力的情況下硬要他們負起責任，這有失公平。還記得美國航空的例子吧；他們的管理階層在只有十二個登機門的設施下排了十五架班機待飛。當地員工沒有足夠的登機門可以達成目標，卻要肩負延遲的責任，這是明顯的不公平。而無論是員工自己的感受還是事實，不公平對於自動自發都是減分的作用。
- 關於提供有用的意見回饋，你旗下的經理人有多高明？不管是因爲太忙而力不從心，或是無心於此或是技巧不足，主管如果不能針對績效提供有用的評鑑，那麼要以嚴格的責任制要求部屬就得更爲審愼。
- 就達成你的目標而言，哪個比較重要：精準責任制還是溝通、協商、合作？有時候，員工彼此對談要比主管拿著分數卡記錄誰該爲某個失誤負責來得更重要。
- 傳統智慧說責任制是萬靈丹，可別信以爲眞。所有的管理者都希望有個絕對的答案。他們處於變化萬端、風急水湍的工作環境中，這是巨大壓力下的自然反應。可惜的是，每個工作情境都需要個別判定——世上沒有單一的標準答案。

現在，你該知道如何評估個別情境，找出「足夠」和「太多」責任之間的界線了。這個準則包含的三個步驟並不複雜，好好利用它吧。

# 結語
# 坐而言不如起而行

「建築物的健全和堅固是我的責任。

所有的設計圖上都有我的名字。」

——萊斯利・羅伯森

紐約世貿雙塔結構設計師

信守承諾，尤其在事情不如預期的情況下，

是組織最大的挑戰。

你三二％到九四％的客戶正在考慮換掉你，讓你的競爭對手做做看。如果你是保險從業員，三分之一的客戶已打算換一家公司投保。如果你從事手機或銀行服務業，一半以上的客戶岌岌可危。如果你在百貨公司或服飾店工作，五個客人裡有四個正在考慮去別家購物。如果你開速食連鎖店，上星期向你買漢堡的一百位客人裡有九十四位很可能從此不再上門。專業領域和工業界也好不到哪裡去。如果你在賣企業軟體，百分之五十四的買主蠢蠢欲動，想換別家軟體。如果你是承包商，而將工作外包給你的企業主管有百分之六十一說，他們想找其他廠家試試。

這些客戶之所以另投懷抱，可能是拜幾個因素所賜。好奇（你的買主自問：「我這筆買賣是不是最划算？」、誘惑（你的競爭對手來拉客戶：「想不想有更好的交易條件？」）甚至因緣際會（你的客戶和競爭對手正好在某時某地碰在一起），都是眾所週知的客戶流失的主因。

可是，有個因素是所有其他因素的閘口，那就是「失望」。失望是一種感覺，是顧客因為某公司行號的運作不能達到他們期望而產生的氣憤和遺憾。失望，是顧客轉向的催化劑。

想想看吧。你每天受到三千個廣告誘惑的轟炸，它們多半從你左耳進，右耳出。可是那天你的信用卡公司讓你失望了，於是你真的去辦了停卡，開始留意廣告，看哪家銀行轉帳不收手續費。你之所以換電話公司、換軟體服務商或是任何和你有交易往來的商家，莫不是同樣的情形。

既有的客戶流失之後，要找個客戶取代，代價極高。這不僅是因爲尋覓新客戶必須踏破鐵鞋，也因爲你爲了吸引客戶上門而提供的折扣或其他贈品，會將貴公司已夠微薄的營運利潤鯨吞去一大塊。而且第一線的員工會告訴你，新客戶會問更多的問題、要求更多的關注，使得已然捉襟見肘的客戶服務預算升高到臨界點。

相較於現有的客戶，新客戶花費的多、回報的少，這是商界無可否認的事實。這也是爲什麼管理者應該想盡辦法別讓現有的客戶失望，因爲這是最有效的省錢妙方。

這讓我們回歸到原來的問題：爲什麼你的企業成敗，端賴各階層的行動力。你不能阻止別人好奇，也攔不住你的競爭對手拋出誘餌。但是你能夠遏阻疏漏和並非必然的錯誤，以免你的好客戶（或是重要員工和最好的投資人）失望。任何疏失都可能成爲壓垮駱駝的那根稻草，破壞了你和客戶之間長遠又利益豐厚的關係。

如果你想在競爭至爲激烈的情境下營造這個面面俱到又值得信賴的新境界，你所需的一切其實就掌握在你手中。你的目標在望，已經達到了九成八，而若是你穩住整個公司的心態，讓員工對自己的承諾信守到底，最後那百分之二自會水到渠成。

## 你的承諾有多牢固？

一大清早，香港一家餐廳某個顧客的手機鈴聲響起。電話另一端傳來震驚的消息：一架飛機撞毀了紐約世貿中心。

「大概是意外吧。」無意間聽到這段對話的萊斯利・羅伯森（Leslie Robertson）這麼想。就像一九四五年一架B－25轟炸機在大霧中迷失了方向，因此撞到帝國大廈。羅伯森和他的合夥人約翰・史其林（John Skilling）早在一九六六年爲世貿雙塔設計原始結構工程時，便已預期到這種意外的可能性。

然而，回到旅館房間後，這位世貿中心的設計師才發現眞相遠比他想像的恐怖。兩架被劫持的噴射機在脅迫下有如飛彈一般，撞進了世貿的北塔和南塔。這兩棟建築雙雙夷爲平地，將近三千人喪失了性命。

不到一個月後，羅伯森參加了全美結構工程師協會會議。他站在觀眾面前，分析他對自己的名作崩塌的看法。

「各位可以看到，這是典型支撐失去效用的結果，」他說，一面指著一張張災難現場的幻燈片：扭曲的鋼筋、崩塌的外牆、滿目瘡痍的瓦礫堆。羅伯森以專業口吻解釋，就像法醫解說解剖過程。「下一張幻燈片，」他繼續說。「各位可以看到樑柱移位、焊接的地方脫落。典型的崩壞現象。」

羅伯森結束了準備的講稿，會議主持人開放現場觀眾發問。一位觀眾突如其來喊出一個問題：「你會不會希望自己當初在設計這個建築的時候，採用不同的設計呢？」整個會場鴉雀無聲，因爲一場就事論事的研討會已經演變成感情用事。

「我想，我會希望我能讓它撐得更久一些，」這位工程界的大師回答。他的聲音發抖，輕得有如耳語：「我的意思是，每條人命都很重要。」接下來，據《華爾街日報》報導，羅伯森停止了發言，獨自站在會眾面前哭泣。

羅伯森已經盡了最大的努力。他和他的團隊所設計的世貿雙塔承受得住波音七〇七的衝擊力——這是一九六六年當時他們想像得出的最大機種。沒有人會期望他想到，日後會有兩架七六七被挾持，裝著一萬加侖具有爆炸威力的飛機燃油，迎頭撞入這兩棟南曼哈頓地標建築的第九十四層和七十八層樓。

可是，羅伯森始終無法擺脫傷痛，因爲他沒有做到所有人的期望。「我有過許多難眠的夜晚，」事後他告訴《紐約客》雜誌。「我常在睡著不久就驚醒過來，心想，要是當初我多做一點什麼就好了……要是那兩棟建築多撐個一分鐘……我想得好多好多。」在世貿事件的紀念網站上，羅伯森的相片旁引述了他自己的一段話，解釋他爲什麼沉溺於這樣的情緒中無法自拔：「建築物的健全和堅固是我的責任。所有的設計圖上都有我的名字。」

你企業裡的每個經理人都該聽聽萊斯利・羅伯森的故事。羅伯森代表的是一種信守承諾的使命感，足以驅策百分之百的行動力。

普通的生意人展現的是普通的使命感。只要事情依照計畫進行，他們就會信守承諾，然而一旦事情不如預期，他們就滿嘴的藉口。

舉個例子。我去電一家辦公室用品公司。這家公司的廣告承諾，向他們買印表機用品，當天就可送貨到府。「是，您要的墨水匣我們有庫存，」那家公司告訴我。「不過我們的送貨排程已經滿檔了，請體諒。我們這一、兩天之內會送到，您不介意吧？」

又有一次，我從我家用我那支「無遠弗屆」的手機撥號出去，結果是哪裡都撥不通。「請體諒，」我用我的家用電話打去他們的客服專線，對方這麼對我說。「即使在我們保證的範圍內，接收狀況也有可能會不穩定。您要不要試試到其他地方再撥看看？」

還有一次，我和某個廠家約好見面，結果空等了一個半鐘頭。「請體諒，」我去問那位一直沒露面的主管怎麼回事，他回答我。「我們副總打電話找我去開會，結果我的助理一份重要的商業報告出了紕漏，就這樣不知不覺過了約定時間。我們再約個時間見面好吧？」

「請體諒」，這幾個字太容易讓企業理直氣壯地接受自己讓顧客失望並且導致他們轉向的情況了。以昇陽電腦公司（Sun Microsystems）近來的事件爲例：

二〇〇二年接近尾聲，Reliant Resources的資訊主管向昇陽電腦買了一些設備。簽約之後，他發現自己得和三到四個不同的裝設人員交代細節，同樣的事情說了又說。「他們沒有把心放在顧客這邊，」失望的資訊主管告訴《華爾街日報》。

昇陽電腦的發言人試著解釋原委。爲了因應全球科技採購的巨流，該公司目前正進行全面的變革，打算讓營運作業改頭換面。昇陽發言人對《華爾街日報》說，以他們這等的企業規模，進行結構改變之際可想而知會有些「管理上的混亂」。換句話說，如果他們許下什麼承諾卻沒做到，客戶應該「體諒」才對。

只是，很多客户不能體諒。二〇〇三年，當其他的科技公司紛紛翻身從谷底往上攀升之際，昇陽電腦的產品營收卻從巔峰直直落，跌幅高達四成。

萊斯利・羅伯森並沒有要求任何人體諒。即使他已經克盡最大努力，而且崩塌的原因超乎任何人的想像、機率僅及億萬分之一，他卻飽受個人責任感的煎熬。這些感受有催化的作用，促使人們在信守承諾上做出眞切、持續、全心的努力。（二〇〇二年上述事件發生後不久，昇陽電腦便不再要求客戶「體諒」，轉而展開三十個新計畫，顯示他們對於「說到做到」這回事可是非常認眞。）

信守承諾，尤其在事情不如預期的情況下，是組織最大的挑戰。三達通訊（Level 3 Communications）的執行長詹姆斯・克羅威（James Crowe）在撞了個鼻青臉腫之後才學到了這個教訓。「你愛說什麼都可以；你也儘可以發電郵、寫備忘錄，」他解釋道。「可是若是這個觀念沒有在員工的思維和彼此的認知裡札根，要信守承諾有如天方夜譚。」

克羅威是目前三達通訊的掌舵手。這家公司是當前少數還在信守它承諾的企業之一——它希望做到革命性高速傳輸的諾言。

從一九九六年到二〇〇〇年，各路投資人總共挹注了七千五百七十億美元，支持數以百計的相關企業投入研究，希望利用光纖等材料做到以光速傳輸資訊。三達通訊就是這些企業當中的一個。然而，這個科技泡沫破滅了。「據我們估計，」克羅威說。「約有九十家競爭廠家宣布破產。」

換句話說，當事情進展碰到阻礙，絕大多數的企業不但不記得它們對顧客、員工和投資人的諸多義務，反而把責任推得一乾二淨。你已經讀過很多這樣的故事。這些企業的報導佔滿了商業傳媒的篇幅，好幾家甚至被列入聯邦法庭的檔案。

可是，克羅威和他的員工並沒有打破承諾，尋求破產的保護。泡沫破滅的時候，他們也深受重創，遍體鱗傷。但他們並不逃避責任，反而深吸一口氣，重新投入。他們要信守服務顧客的承諾，重新建立客戶、員工和投資人的信任。

「你說過要做什麼，你就得去做，」克羅威說。三達通訊的管理階層和本書訪談過的諸多企業主管都是站在同一軌道上——期望要清楚、評估更精準、建立「熱」團隊、展現尊重，尤其是目標共享：「這樣才能成爲值得信賴的網路夥伴。」

不過，是什麼導使克羅威和他的管理團隊走上這條人跡鮮至的蹊徑呢？和羅伯森一樣，是出於個人責任感的驅使。「我們有這個義務，」克羅威解釋。「我們欠投資人的情。我們欠顧客的情。我們欠員工的情。更何況，我們相信這種產品有市場。」

承諾的意思是：絕對不要求對方「體諒」。每一位管理者都必須願意挺身而出，就像克羅威和羅伯森那樣，義無反顧地告訴大家：「後續行動的健全和堅固是我的責任。所有的承諾都有我的名字在上面。」

# 謝誌

華信惠悅全球顧問公司的伊麗莎白・凱佛利琪看到她的故事在「如何領導『熱』團隊」一章中披露後，她很擔心。「我知道，這是你敘述故事的風格；你是爲了簡潔起見，所以把成功歸於某個人的遠見。可是我希望澄清的是：這不完全是我的功勞。我們目前超前這麼多，唯一的原因是這麼多員工的積極參與，願意在我們的實務上繼續精益求精。他們才是居功厥偉。」

本書中每一位將心得洞見與眾分享的企業領袖莫不是如此。因此，我們應當感謝耶路通運、IKEA、三達通訊、SSM健康照顧、《華爾街日報》、培拉企業、聯合廣場服務集團、賈西亞媒體、華信惠悅、TBM顧問公司、IDEO、嘉信理財、費爾曼旅館暨休閒事業、藍點能源的「每一位」員工，拜他們的默默奉獻之賜，貫徹行動到底的密碼才得以解開。

除此之外，我還要感謝書中數十位未具名的企業統帥和中階經理人，將他們企業的波折與滄桑分享給大家知道。他們擔心總公司的反應，因此姑隱其名，然而，如果少了他們的洞察（與坦誠），一如威爾．羅傑斯的詮釋：「良好的判斷力是經驗累積的結果，外加諸多不良判斷的啓發，」我的判斷力恐怕就會缺少一個關鍵部分，難以稱爲良好。

最後，許多隱居幕後的人也功不可沒。有人出點子，有人整理我的心血，更有人充當傳聲筒，或是（在不知不覺中）給予我醍醐灌頂的誠實評語，使我的觀點有更清楚的呈現。他們也應該得到感謝。

另外，感謝我的家人，因爲他們，我的寫作生涯得以實現。還有我的雙親，因爲他們，我對貫徹行動是百分之百的全力以赴，不敢打絲毫的折扣。

國家圖書館出版品預行編目資料

DO的學問：不要光看使命、策略或構想，要看你做了什麼／勞倫斯・賀頓 (Laurence Haughton) 著；席玉蘋譯. — 初版. — 臺北市：大塊文化，2006〔民95〕

面；　公分. —（touch 44）

譯自：It's not what you say . . . it's what you do: how following through at every level can make or break your company

ISBN 986-7059-15-8（平裝）

1. 組織（管理） 2. 職場成功法

494.2　　　　　95008774

105 台北市南京東路四段 25 號 11 樓

| 廣 告 回 信 |
| --- |
| 台灣北區郵政管理局登記證 |
| 北台字第 10227 號 |

# 大塊文化出版股份有限公司　收

地址：□□□ ＿＿＿＿＿市／縣＿＿＿＿＿鄉／鎮／市／區

＿＿＿＿＿路／街＿＿＿段＿＿＿巷＿＿＿弄＿＿＿號＿＿＿樓

姓名：

請沿虛線撕下後對折裝訂寄回，謝謝！

大塊 LOCUS 文化

編號：TO 044　書名：DO的學問

# 大塊文化 LOCUS 讀者回函卡

謝謝您購買這本書，爲了加強對您的服務，請您詳細填寫本卡各欄，寄回大塊出版 (免附回郵) 即可不定期收到本公司最新的出版資訊。

姓名：________ 身分證字號：________ 性別：□男 □女

出生日期：____年____月____日 聯絡電話：________

住址：________

E-mail ：________

學歷： 1.□高中及高中以下 2.□專科與大學 3.□研究所以上

職業： 1.□學生 2.□資訊業 3.□工 4.□商 5.□服務業 6.□軍警公教 7.□自由業及專業 8.□其他

您所購買的書名：________

從何處得知本書： 1.□書店 2.□網路 3.□大塊電子報 4.□報紙廣告 5.□雜誌 6.□新聞報導 7.□他人推薦 8.□廣播節目 9.□其他

您以何種方式購書： 1.逛書店購書 □連鎖書店 □一般書店 2.□網路購書 3.□郵局劃撥 4.□其他

您購買過我們那些書系：

1.□ touch 系列 2.□ mark 系列 3.□ smile 系列 4.□ catch 系列 5.□幾米系列 6.□ from 系列 7.□ to 系列 8.□ home 系列 9.□ KODIKO 系列 10.□ ACG 系列 11.□ TONE 系列 12.□ R 系列 13.□ GI 系列 14.□ together 系列 15.□其他

您對本書的評價：(請填代號 1.非常滿意 2.滿意 3.普通 4.不滿意 5.非常不滿意)

書名____ 內容____ 封面設計____ 版面編排____ 紙張質感____

讀完本書後您覺得：

1.□非常喜歡 2.□喜歡 3.□普通 4.□不喜歡 5.□非常不喜歡

對我們的建議：________

________

________

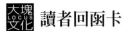

LOCUS

LOCUS

LOCUS

LOCUS